云原生应用开发
Operator 原理与实践

中国移动云能力中心 / 编著

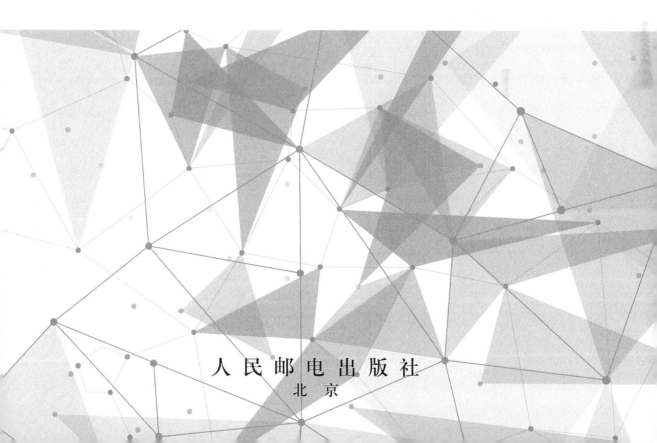

人民邮电出版社

北京

图书在版编目（CIP）数据

云原生应用开发：Operator原理与实践 / 中国移动云能力中心编著. -- 北京：人民邮电出版社，2021.10（2023.4重印）
（移动云技术系列丛书）
ISBN 978-7-115-57008-6

Ⅰ. ①云… Ⅱ. ①中… Ⅲ. ①云计算 Ⅳ. ①TP393.027

中国版本图书馆CIP数据核字(2021)第153997号

内 容 提 要

本书共分为4章，完整地介绍了Operator的开发原理和流程：第1章主要介绍云原生、Operator的起源和发展，以及Operator技术等；第2章主要介绍Operator原理，对开发Operator相关的模块，如Kube-APIServer和Client-go进行了分析。第3章介绍和分析目前应用最广泛的Operator开发框架——Kubebuilder；第4章以实际的项目为例，完整地展现如何开发Operator。

本书适合云原生爱好者及Operator开发者阅读。受篇幅所限，本书并未对Kubernetes的所有模块均作分析，建议读者与其他Kubernetes相关图书配合使用。

♦ 编　著　中国移动云能力中心
　　责任编辑　李　强
　　责任印制　陈　犇
♦ 人民邮电出版社出版发行　北京市丰台区成寿寺路11号
　邮编　100164　电子邮件　315@ptpress.com.cn
　网址　https://www.ptpress.com.cn
　固安县铭成印刷有限公司印刷

♦ 开本：800×1000　1/16
　印张：13.25　　　　　　　　　2021年10月第1版
　字数：260千字　　　　　　　　2023年4月河北第5次印刷

定价：69.80元

读者服务热线：(010)81055493　印装质量热线：(010)81055316
反盗版热线：(010)81055315
广告经营许可证：京东市监广登字20170147号

序言
PREFACE

当前，我国经济已由高速增长阶段转向高质量发展阶段，随着"十四五"规划启动，新一代信息技术将进入全面升级和广泛传播的关键期，社会治理、生产、生活等各方面迎来换挡提速期。新形势下，数字经济已成为我国高质量发展的重要推动力，新一轮科技革命与产业变革不断深入，数字化、网络化、智能化正在成为推动经济社会发展的先导力量及核心要素。新布局中，国家将投入50万亿元，布局以5G、人工智能、物联网、云计算等新型基础设施为核心的"新基建"，加速技术发展模式变化和业态融合。在这个变革的时代，云计算已成为新型基础设施建设的关键要素，线上办公、远程教育等爆发式增长带动了云计算快速发展。

中国移动在很早之前就开始了云计算的相关探索，集团内部的B/O/M（业务域/运营域/管理域）有大量系统构建在虚拟化产品之上。2007年，中国移动研究院成立了云计算中心，开始了自研云计算产品之路，2012年上线了移动公有云，提供云主机、云存储等服务。2014年，中国移动成立苏州研发中心，全面推进公有云、私有云的研发和产品化，建设了中国移动IT云，内部IT系统云化率近100%，承建了国内最大规模的金融云，随后推出"移动云"品牌，面向社会提供公有云服务。2019年，中国移动全面启动"云改"战略，苏州研发中心改组"云能力中心"，"移动云"全面进军公有云市场，提供各类IaaS、PaaS、SaaS云服务。"移动云"充分发挥中国移动在网络和数据方面的优势，打造云网融合、云数融通和云边协同的能力，增加用户黏性；在创新能力方面，"移动云"把握新技术发展趋势，推动云原生技术发展，并以此为基础推进"智能云"战略，构建云智融合的创新能力，为行业智能化解决方案打下基础。

作为云计算技术发展的亲历者和推动者，中国移动云能力中心的研发团队在生产过程中积累了大量的实践经验。从早期的云计算1.0开始，由IT管理员手动创建虚拟机，再由业务方将应用部署在虚拟机上，发展到自动化程度更高的云计算2.0时代，管理员可以一键开通成百上千台虚拟机，大大缩短了资源交付、业务部署的时间。移动云的规模化发展，提供了越来越多的云服务，而仅仅提升资源交付效率已经无法满足业务需求，必须找到一种更加敏捷、更加弹性、对开发者更加友好的方式来支撑业务发展。云原生正是为满足这些需求而形成的技术体系，它指导人们利用云的能力，聚焦业务，快速实现商业价值。中国移动云能力中心实践了"以云的方式做云"的思想，在内部构建了以容器、Kubernetes、微服务、DevOps为基础的云基础设施及工具链，打造了一站式能力中台，满足了业务快速迭代、敏捷交付的需求。与此同时，这支研发团队也在开源社区中持续贡献，收获颇丰，有多名人员成为Kubernetes/Knative成员，SkyWalkin、、Apache RocketMQ、SOFAJRaft、Nacos社区的核心提交者。另外，移动云在产品规划上也借鉴了云原生计算基金会（CNCF，Cloud Native Computing Foundation）云原生产品图谱，提供越来越多的云原生产品，例如Kubernetes容器服务、容器镜像服务、函数计算服务、微服务治理、容器安全、云原生数据库、云原生消息队列等。无一例外，这些产品都使用了Kubernetes——这一云原生应用的事实标准。

中国移动云能力中心基于他们的实践经验编写了此书。我相信，开发者们一定能从本书中有所收获！

中国移动云能力中心 IaaS 产品部总经理

刘军卫

2021年5月9日于中移软件园

前言

FOREWORD

从2013年Pivotal公司的Matt Stine提出云原生概念,到2015年Google、Red Hat等公司牵头成立CNCF,云原生领域蓬勃发展。云原生架构在公有云、私有云和混合云等环境中构建及运行可弹性扩展的应用方面具有优势;它也能构建具备良好容错性、易于管理和便于观测的松耦合系统,十分契合现代企业数字化转型和发展的需求。

Kubernetes(k8s)作为云原生应用编排的事实标准,已成为云原生开源技术生态的核心,越来越多、越来越复杂的系统开始构建在Kubernetes上。为了统一这些系统的开发模式,并使其遵循Kubernetes的理念,Operator模式应运而生。Operator被用来创建、配置和管理复杂的应用,能极大地扩展Kubernetes的能力。为方便开发者和用户查找、分享和使用Operator资源,Red Hat联合AWS、Google、Microsoft等公司推出了OperatorHub网站,已累积了诸多Operator资源。如今,Operator模式已广泛应用在各个领域,如数据库、边缘计算、机器学习等。

2015年,中国移动云能力中心开始接触和使用Kubernetes,经历了从起初基于Kubernetes构建PaaS平台,到如今采用Operator模式构建移动云服务的过程。当前,越来越多的产品与场景有应用Operator模式的需求。因此,我们总结了Operator模式的相关原理、开发流程以及开发过程中需要使用的工具,希望能够帮助有需求的读者快速学习。

本书内容

本书共4章,完整地介绍了Operator的开发原理和流程,首先介绍云原生及Operator的发展历史和相关技术;然后介绍了Operator原理、Operator开发的相关模块,如Kube-APIServer和Client-go,以及目前应用最广泛的Operator开发框架Kubebuilder的原理;最后以实际的项目为例,完整地阐述如何开发一个Operator。

关于勘误

由于作者写作时间和水平有限，书中难免存在纰漏和错误之处，敬请广大读者批评指正。读者可通过邮箱 syiaas@cmss.chinamobile.com 联系我们，非常感谢！

致谢

在本书的编写过程中，中国移动云能力中心的领导和同事们给予了大力支持，他们在百忙之中仍给予我们充分的包容与理解。在此特别感谢中国移动云能力中心的每一位同事：王东旭、毕小红、曹志远、陈国全、董琪、段全锋、李剑锋、刘唯一、陆琦、马奥、马琪、徐冬阳、徐军、杨巍巍、周宇、朱桂华、邹能人、温小清、郑骊昂（以上排名不分先后）。

目录

第1章 引言 1

1.1 云原生介绍 2
- 1.1.1 云原生的起源与发展 2
- 1.1.2 Kubernetes：云原生基础设施 6
- 1.1.3 应用云原生改造 8
- 1.1.4 云原生应用开发与管理 12

1.2 Operator 介绍 13
- 1.2.1 Operator 简介 14
- 1.2.2 Operator 应用案例 17
- 1.2.3 主流 Operator 开发工具介绍 29

1.3 本章小结 31

第2章 Operator 原理 33

2.1 Operator 简介 34
- 2.1.1 CRD 介绍 36
- 2.1.2 什么是 Controller 43

2.2 Client-go 原理 44
- 2.2.1 Client-go 介绍 44
- 2.2.2 Client-go 主体结构 48
- 2.2.3 Client-go 架构 61
- 2.2.4 Discovery 原理 63

- 2.2.5 List-Watch 原理 ·············· 66
- 2.2.6 Client-go Informer 解析 ·············· 70
- 2.2.7 Transport 说明 ·············· 83
- 2.2.8 Controller 关于 Client-go 典型场景 ·············· 88

2.3 Kube-APIServer 介绍 ·············· 92
- 2.3.1 Kubernetes API 访问控制 ·············· 92
- 2.3.2 认证 ·············· 94
- 2.3.3 鉴权 ·············· 103
- 2.3.4 准入控制 ·············· 107
- 2.3.5 Kube-APIServer 架构 ·············· 109

2.4 本章小结 ·············· 109

第3章 Kubebuilder 原理 ·············· 111

3.1 Kubebuilder 介绍与架构 ·············· 112
- 3.1.1 什么是 Kubebuilder ·············· 112
- 3.1.2 Kubebuilder 架构 ·············· 112

3.2 Kubebuilder 模块分析 ·············· 114
- 3.2.1 CRD 创建 ·············· 114
- 3.2.2 Manager 初始化 ·············· 117
- 3.2.3 Controller 初始化 ·············· 118
- 3.2.4 Client 初始化 ·············· 120
- 3.2.5 Manager 启动 ·············· 123
- 3.2.6 Finalizers ·············· 125

3.3 Controller-runtime 模块分析 ·············· 128
- 3.3.1 Controller-runtime 框架 ·············· 128
- 3.3.2 Manager ·············· 132
- 3.3.3 Controller ·············· 137
- 3.3.4 Client ·············· 147
- 3.3.5 Cache ·············· 149
- 3.3.6 WebHook ·············· 151

3.4 本章小结 ………………………………………………… 155

第 4 章 Operator 项目实践 ………………………………… 157

4.1 Harbor-Operator 项目定义 …………………………… 158
4.1.1 背景 ……………………………………………… 158
4.1.2 项目相关介绍 …………………………………… 158

4.2 Harbor-Operator 组件架构解析 ……………………… 163
4.2.1 项目架构 ………………………………………… 163
4.2.2 开发流程 ………………………………………… 164
4.2.3 CRD ……………………………………………… 168
4.2.4 启动流程 ………………………………………… 172
4.2.5 Operator 实现 …………………………………… 174
4.2.6 Reconcile 函数 …………………………………… 176
4.2.7 同步器功能实现 ………………………………… 179

4.3 项目实践 ………………………………………………… 190
4.3.1 项目打包 ………………………………………… 190
4.3.2 项目部署 ………………………………………… 191
4.3.3 测试验证 ………………………………………… 194

4.4 本章小结 ………………………………………………… 198

缩略语 ……………………………………………………… 201

第1章
Chapter 1

引言

1.1 云原生介绍

1.1.1 云原生的起源与发展

近年来,"云原生"逐渐成云计算领域非常热门的词汇。各大云计算厂商的产品宣传材料、各类云计算技术会议,以及各种技术博客、公众号、微信群中,经常会提及"云原生"。那么究竟什么是"云原生"?它为什么这么流行?下面我们来一探究竟。

实际上,云原生是云计算发展的必然阶段。到目前为止,可以把云计算的发展分为 3 个阶段:云计算 1.0、云计算 2.0、云计算 3.0。

1. 云计算 1.0 和云计算 2.0

云计算 1.0 和云计算 2.0 阶段是以虚拟化技术为基础、以资源编排(计算、存储、网络)为主体的时代。20 世纪 90 年代,VMware 公司推出了个人桌面版的虚拟化软件 VMware Workstation(VMware 工作站),用户可以在 PC 上安装不同的虚拟机,比如 Linux 发行版 Red Hat、Ubuntu 等。2001 年,VMware 公司又推出了服务器版虚拟化软件 VMware ESX,后来又推出了一系列虚拟化及管理软件,如 vSphere、vSAN、NSX 等,逐步开启了一个私有云时代。与此同时,随着 VMware 公司在商业中取得巨大成功,越来越多的公司、学校、组织纷纷投入对计算、存储、网络虚拟化的研究,并推出了许多开源项目,其中的典型代表包括计算虚拟化领域的 Xen(2005 年)和 KVM(2006 年)、存储虚拟化领域的 Ceph(2007 年)、网络虚拟化领域的 Open vSwitch(2009 年)。在管理软件方面,2008 年出现了 OpenNebula;2010 年 OpenStack 问世,得到了全世界众多厂商和开发者的支持,它逐步成为事实上的开源云计算管理平台标准(如图 1-1 所示)。值得一提的是,以网上书店为主营业务的 Amazon 于 2006 年推出了全世界第一个公有云服务 AWS(Amazon Web Service),以云主机 EC2 和对象存储 S3 为主要产品,逐步开辟了公有云时代。随着产品的不断丰富和用户数的不断增加,Amazon 也成为万亿美元市值的大公司。

云计算 1.0 以虚拟化为主要特征,引入了计算虚拟化技术,将企业 IT 应用与底层基础设施分离解耦,可以在同一台物理服务器上运行多个 IT 应用实例,从而提高资源利用率,降低成本。云计算 2.0 以自动化为主要特征,一方面引入了软件定义存储(SDS,Software Defined Storage)、软件定义网络(SDN,Software Defined Network)技术,实现了计算、存储、网络的全面虚拟化，使得 IT 资源具备弹性、可扩展性；另一方面，引入了云管理平台，对各类基础设施资源进行统一管理，通过自服务、按需开通、按量计费的模式实现资源供应的灵活性和自动化。

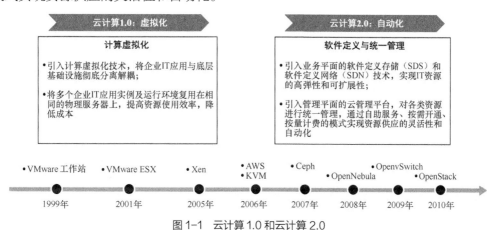

图 1-1 云计算 1.0 和云计算 2.0

总的来说，云计算 2.0 时代主要解决资源分配和管理的问题，这是资源维护者的核心诉求，而众多的资源中（计算、存储和网络等）又以虚拟机为主体，所以简单来说，这个时代的云计算就是围绕虚拟机构建 IaaS 资源管理体系，所有的资源管理都是以虚拟机为核心实现配套设计。在以私有云为主的时代，完美地匹配了用户的需求。云计算 2.0 时代，用户是比较单一的，诉求就是作为 IT 操作人员（Operator）或者维护人员（Maintainer）要把资源的管理做到极致。这个时代其实也在尝试满足更高级的用户需求，比如早期基于虚拟机的 PaaS 平台 Cloud Foundry、基于虚拟机的应用编排项目 Murano 等，但它们都没有成为云计算 3.0 时代的主流技术框架。云计算 1.0 和云计算 2.0 时代的主要用户场景如图 1-2 所示。

2. 云计算 3.0

IT 基础设施不能直接带来经济效益，在其基础上构建的应用更贴近于市场与业务发展的需求。随着公有云的普及和私有云的极致发展，云计算的主要矛盾变成了日益增长的多元化用户（不仅仅是 IT 维护人员）需求与落后的以资源编排（分配）为主体的理念之间的矛盾。公

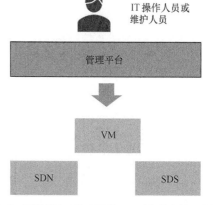

图 1-2 云计算 1.0 和云计算 2.0 时代的主要用户场景

有云用户更希望以应用为主体来构建 IT 软件栈和系统,希望以更加敏捷、更细粒度的控制来适应应用的快速迭代,甚至是私有云的 IT 管理员也希望资源编排更加敏捷。此时,云计算的核心理念就很自然地进入以应用编排为主体的云计算时代,我们称之为云计算 3.0。因此,满足这个理念的 Docker、Kubernetes 等技术必将会在这个时代实现空前的发展。

下面介绍 Docker 和 Kubernetes 的历史及主要问题。

2013 年以前,人们遇到的最棘手的问题之一是如何交付应用。在应用的开发、测试、交付、运维的生命周期中,通常以代码包、二进制文件等方式交付应用。虽然云计算的发展使得计算、存储、网络资源随手可得,但是由于操作系统、应用依赖包的不同,在测试环境、集成环境、生产环境中部署和调试应用消耗了太多精力。例如,测试环境中主机操作系统是 CentOS 6.5,通过测试后将 RPM(Red Hat Package Manager)同步到生产环境中,但生产环境主机操作系统是 CentOS 7.5,且未安装应用所需的依赖包,所以应用无法正常运行,需要安装依赖包并进行全量测试。一种解决该问题的思路是以虚拟机镜像为单位交付应用,但是由于虚拟机往往是多个应用共享的,应用之间会产生依赖包冲突等问题,而且虚拟机文件太大(2~3GB)不便于传输。2013 年,Docker(当时称 dotCloud)公司开源了其应用打包的项目,命名为"Docker",通过 Docker 镜像方式,解决了单体应用打包、交付的问题。简单来说,Docker 镜像是一个压缩包,由一个完整操作系统的所有文件和目录构成,所以这个压缩包里的内容与本地开发和测试环境用的操作系统是完全一样的。需要注意的是,这些文件和目录不包含操作系统内核,在 Linux 中,这两部分是分开存放的,操作系统只有在开机启动时才会加载指定版本的内核镜像。除了解决单个应用交付问题,Docker 还利用 Linux 的 Namespace(命名空间)、Cgroup(控制族群)等技术实现了资源隔离、资源限制。由于减少了 Hypervisor,相比于虚拟机,在一台 Linux 主机上可以运行许多 Docker 容器,每个容器可以包含独立的应用,相互之间彼此隔离。同时,Docker 提供了简单的命令,帮助开发者制作、分发镜像。因此,一经推出,Docker 很快成了单体应用交付的热门方式。

但是人们很快发现,Docker 仅仅解决了单体应用的交付问题,无法解决复杂应用的编排管理问题。随着互联网技术的发展和影响,各个行业的应用逐步向微服务化、复杂化发展,每个微服务通常具备独立功能,由独立的团队负责开发和维护。服务与服务之间存在服务注册、服务发现、路由选择、流量控制、灰度发布等需求。这些都是 Docker 不具备的。因此容器编排、应用编排成为新的热点领域。经过数年的发展,Google、Red Hat 主推的 Kubernetes 最终胜出,成为事实上的容器编排、应用编排标准。

3. 云原生概念的发展

在 Docker 和 k8s 不断发展时,"云原生应用"的理念被逐步提出。2014 年,Pivotal 公司提出了"Cloud Native"一词,并且提出了一系列概念,凡是符合这些概念的应用都叫云原生应用。Pivotal 公司也在不断修改云原生应用的特征定义,2014 年,该公司提出 Twelve-Factor 应用、Microservices 等;2017 年,提出模块化、可观测性、可部署性、可测试性、可处理性、可替换性,2019 年,将云原生应用的特征定义修改为 DevOps、持续交付、容器化、微服务化。同时,CNCF 基金会是云原生理念的重要推手,它不断改变云原生应用的定义:2015 年,将云原生应用定义为容器化、微服务化、动态编排,2018 年,将云原生应用定义为容器、服务网格、微服务、不可变基础设施、声明式 API(应用程序编程接口)。

云原生服务的发展如图 1-3 所示。

图 1-3 云原生服务的发展

总之,"云原生"虽然像"中台"概念一样也在不断被炒作,但云上的应用的确在向"云原生应用化"发展。云原生只是一种理念,指的是软件"生于云上、长于云上",能够最大化地利用云的能力实现商业价值。很多人认为云原生就是容器、k8s,其实不太准确。没有容器、k8s,一样可以实现云原生,但有了容器和 k8s,再配合其他技术、产品,能够更好地组织团队,利用云提供的各种能力,如 DevOps,以敏捷的方式开发、交付、管理复杂应用,更快地响应市场,实现商业价值。云原生也是"云的本源需求"。云计算的初衷就是要像水、电一样为人们提供按需、随处可得、易用、弹性的服务和能力。用户不需要考虑水和电是如何产生的,只需要考虑如何利用水和电。云原生也一样:用户只需要专注业务、考虑如何实现业务,而不需要考虑业务必需的硬件、操作系统、数据库、MQ(消息队列)、缓存、开发框架、微服务框架等。这些都交给云服务商来考虑。

所以，云原生对开发者来说，就是要利用好云的能力，构建满足容器化、微服务化、可以敏捷迭代、更具备弹性化等特征的云原生应用；对云服务商来说，就是要在设计云产品和服务时，考虑如何更好地支撑和承载云原生应用。

1.1.2　Kubernetes：云原生基础设施

2014 年，Google 公司开源了 Kubernetes 项目。此时，在容器编排领域主要有两个竞争对手，即 Docker 公司的 Docker Swarm 和 Apache 基金会的 Mesos。虽然 Kubernetes 诞生得较晚，但实际上其设计思想来源于 Google 公司内部的 Borg 和 Omega 系统特性，这些特性放到 Kubernetes 项目上，就是 Pod、Sidecar 等功能和设计模式。这些特性并不是几个工程师突发奇想的结果，而是 Google 公司在容器化基础设施领域多年来实践经验的沉淀与升华。为了推广 Kubernetes 项目，同时与 Docker 公司竞争，Google 和 Red Hat 联合发起 CNCF 基金会。有了这两家公司的背书，CNCF 和 Kubernetes 迅速发展，该基金会下的项目和围绕 Kubernetes 的二次创新项目大量涌现，包括容器监控的实施标准 Prometheus、微服务治理项目 Istio、有状态应用部署框架 Operator 等。2017 年，Docker 公司宣布将在自己的主打产品 Docker 企业版中内置 Kubernetes，这标志着容器编排之争落下了帷幕，Kubernetes 成为容器编排的事实标准。

从技术角度来讨论 Kubernetes 为何能获胜也是个有意思的话题。

Kubernetes 从应用的角度定义了多种资源，用来描述不同的应用类型以及相关能力（见代码清单 1-1）。

代码清单 1-1

```
$ kubectl run nginx --image=nginx --replicas=3
deployment.apps/nginx created
$ kubectl get deployment nginx -w
NAME     READY   UP-TO-DATE   AVAILABLE   AGE
nginx    0/3     3            0           0s
nginx    1/3     3            1           3s
nginx    2/3     3            2           3s
```

（1）Pod：最小的调度单元，一个 Pod 包含一组容器，容器之间通常存在密切关系，例如，使用 localhost（本地主机）进行本地通信会直接发生文件交换、需要共享 Linux Namespace。

（2）Deployment：通常用来部署多副本的 Pod，可以看到 Pod 的状态，在 Pod 异常时能够及时处理故障，使其恢复正常。

（3）Statefulset：描述有状态应用，可以控制 Pod 的启动顺序，为 Pod 绑定不同的存储等。

（4）Job、CronJob：这两种类型资源分别对应一次性任务和周期性任务。

（5）Daemonset：通常用来部署后台常驻任务，如在每个节点上的日志程序。

除了以上描述应用的资源，还有其他资源。

（1）Service：描述了一个应用的访问入口，通过 Label（标签）实现 Service 与后端服务（Pod）的关联，也就实现了服务发现功能。

（2）Ingress：支持 Kubernetes 集群以外的客户端访问应用。

（3）Configmap、Secret：描述应用所需的配置参数或加密的密钥等。

（4）PV、PVC、HostPath、EmptyDir：描述应用所需的各类存储，支持持久化存储、临时存储。

有了这些资源对象，使用者可以很方便地描述应用程序。通常使用 Yaml 文件表示，一个 kubectl apply -f myapp.yaml 命令就可以等待 Kubernetes 完成应用部署，达到期望状态，其背后重要的设计理念就是声明式 API 和控制器模式。简单理解，用户通过 Yaml 文件描述了期望的最终状态，比如"我需要用 Nginx 镜像启动 3 个 Pod，然后通过名为 Myapp 的 Service 暴露这个应用"。Kubernetes 接收到这个请求时，会将其保存到 ETCD 数据库中，由控制器创建 3 个 Pod 和 1 个 Service。由于创建资源需要一定时间，控制器会不断检查这些资源的状态，并且和期望的状态比较，如果不一致，持续处理（例如调度到其他节点），直到最终达成一致，这个过程如图 1-4 所示。

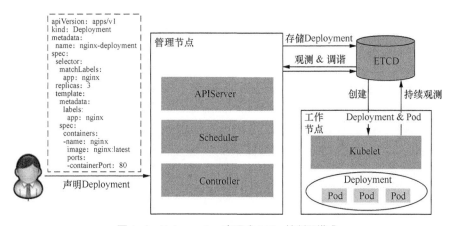

图 1-4　Kubernetes 声明式 API、控制器模式

此外，Kubernetes 具备可扩展性。其实优秀的开源项目都支持扩展，例如 OpenStack 在网络层面定义了 Neutron 网络插件（Network Plugin），用于支持开源的 Open vSwitch（OVS）、商业化的 SDN 产品；在存储层面，通过 Cinder Volume Driver，支持逻辑卷管理（LVM，Logical Volume Manager）以及各种商业化的存储；在调度器层面，支持自定义 Scheduler。类似地，Kubernetes 通过 CRI（容器运行时接口）、CSI（容器存储接口）、CNI（容器网络接口），也支持计算、存储、网络的扩展性。更重要的是，Kubernetes 在 API 资源层面也支持扩展，使用者可以通过自定义资源定义（CRD，Custom Resource Definition）自定义资源，而且这些资源和 Pod、Deployment 等原生资源有同样的使用方式，同时对已有代码没有侵入性。这就大大激发了开发者的潜能。再加上 Sidecar、Operator 等机制，一系列优秀的开源项目如雨后春笋般涌现，大大加速了 Kubernetes 的发展。可以说，"占领开发者心智"是 Kubernetes 的重磅武器。

从 Kubernetes 诞生至今，它已经成为云原生基础设施的代名词。越来越多的开源项目都支持 Kubernetes 部署，如数据库领域的 MySQL、MongoDB、Redis、TiDB，大数据领域的 Spark、Splunk，监控领域的 Prometheus、Dynatrace OneAgent、Sysdig Agent Operator，安全领域的 Falco，微服务领域的 Istio、Linkerd 等。Kubernetes 在新兴领域也有很多项目，如人工智能领域的 Kubeflow、边缘计算领域的 KubeEdge、k3s 等。在云服务商的产品目录中，Kubernetes 早已成为标配。Amazon Elastic Kubernetes Service、Azure Kubernetes Service、Google Kubernetes Engine、Alibaba Cloud Container Service for Kubernetes、Tencent Kubernetes Engine、China Mobile eCloud Kubernetes Container Service，从名字就可以看出，国内外云服务商的容器产品都围绕 Kubernetes 设计开发。

1.1.3 应用云原生改造

业界云原生相关的基础设施已基本成熟。对用户来说，对已有的传统架构服务进行改造，加速迁移到云平台至关重要。

应用的云原生改造基本分为 3 个阶段：（1）容器化改造；（2）微服务化改造；（3）DevOps 改造。下面分别说明。

1. 容器化改造

为什么要对传统应用进行容器化改造？传统云化应用大多运行在虚拟机上，如图 1-5

所示，由于增加了虚拟操作系统这一抽象层，虚拟机方案过于复杂冗余，存在资源调度困难、利用率低下、难以快速交付部署等问题。因此，使用共享内核的轻量级容器技术成为云原生时代更好的选择。

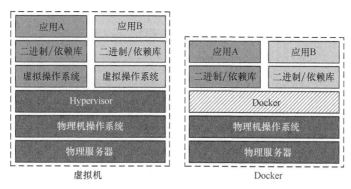

图 1-5 虚拟机 vs 容器

容器化改造是将传统应用程序和其所需的运行环境打包在一起形成完整的镜像，使得应用可以运行在 Docker、KataContainer 或其他类似容器中。容器化改造的具体流程如下。

（1）抽离环境不同导致配置项发生变化，用环境变量或参数等形式传入应用。

（2）编写 Dockerfile 文件，在 Dockerfile 中安装程序运行依赖的第三方软件包。

（3）根据 Dockerfile 文件构建容器镜像，并推送到容器镜像仓库。

容器化改造后，应用程序将具有如下优势。

（1）标准化：只需配置好 Docker 或其他类似容器的运行时环境，即可消除开发、测试、生产环境的不一致性，从而实现一次构建，随时可运行。

（2）快速交付，通过构建容器镜像，可以实现高度定制化的自动交付部署机制，以及错误回滚机制，极大地降低运维流程的复杂度。

（3）高效：由于容器间相互隔离，确保了应用有序竞争资源，从而降低系统整体资源负载。

2. 微服务化改造

容器化改造本质上是优化了应用运行的环境，并没有改变传统应用内部模块的耦合，存在扩展困难、可靠性低等问题，因此，微服务化改造应运而生。

微服务化改造就是将原有的单体应用按照业务范围划分成多个微服务，服务之间相互独立，通过远程过程调用协议（RPC，Remote Procedure Call Protocol）、RESTful API等轻量级通信机制通信，整体形成分布式的架构。

容器化改造结合微服务化改造，应用将具备更多优势。

（1）松耦合：由于容器的隔离性，不同服务内部独立，可以采用不同的开发语言，独立测试、部署，不需要考虑技术栈的相互影响；个别服务业务变动，重新部署上线也不会影响其他服务。

（2）扩展性：随着服务复杂度的提升，需要分配更多的资源，结合容器技术可针对所需服务进行资源的精准按需分配，提高资源利用率；同时当业务需要添加新的第三方依赖时，得益于容器化的轻量性，可以快速启动依赖服务。

（3）高可靠：重点服务可大量横向扩展，以确保服务的高可用性；此外得益于低耦合和容器的快速部署，可动态根据流量规模对部分服务进行动态扩缩容。

结合云原生平台提供无侵入式的自动化服务发现、监控、容错、追踪等微服务网格（Service Mesh）的能力，可以进一步发挥微服务改造后应用的优势。

3. DevOps 改造

基于容器化和微服务化改造的基础，DevOps 改造可以解决应用开发过程中存在的需求变化快、交付慢、运维成本高等问题。从严格意义上讲，DevOps 不只是一个技术范畴，而是组织、流程与技术的结合。

（1）组织上：团队敏捷开发，特性专一，每个业务可以被独立地开发、发布和运维。

（2）流程上：强调端到端、可视化、灰度升级、链路追踪、故障自动回滚等。

（3）技术上：打破开发、测试和运维之间的壁垒，引入 CI/CD（持续集成/持续支付）工具。

DevOps 改造流程具体如下。

首先需要完成容器化改造和微服务化改造，此时应用可以容器化部署运行，且已拆分业务逻辑，实现松耦合。

然后进一步微服务化改造，或者叫网格化改造，如图 1-6 所示，随着业务的发展，一个应用容器中除了业务代码，可能还包括日志、监控、限流熔断、链路追踪等运维功能的代码，此时即使只是调整日志模块的代码也需要将整个应用重新打包发布并升级部署，为了让应用更专注业务本身，需要将日志监控这类服务治理类的代码抽离出应用容器，放到 Mesh Sidecar(边车模式)形式的容器中，这样应用只需关注业务变化。

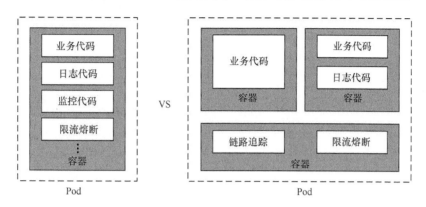

图 1-6　网格化改造对比图

最后引入 CI/CD 工具，如图 1-7 所示，实现从代码推送到应用部署的全流程自动化。

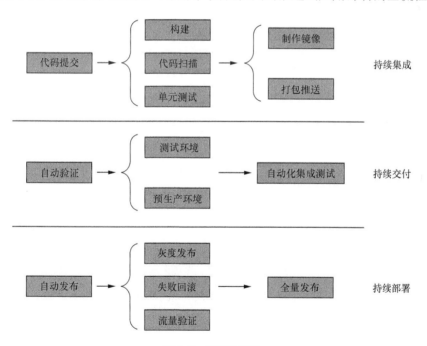

图 1-7　CI/CD 流程

完成 DevOps 改造，业务代码推送后借助 CI/CD 工具自动打包镜像，持续部署，并利用 Service Mesh 的能力实现自动灰度发布和错误回滚，同时利用日志、链路追踪实时监控业务，从而实现业务的全链路持续集成交付以及自动化运维。

1.1.4 云原生应用开发与管理

虽然 Kubernetes 提供了 Pod、Deployment、Service、Configmap 等资源来抽象应用特征，并且通过编写 Yaml 文件来编排应用，但是这样的方式仍然不太可行，特别是在编写复杂应用时。同时，从应用生命周期来看，kubectl apply -f myapp.yaml 只是其中一个步骤，在实际的生产环境中，还需要进行应用的生命周期管理，例如，对应用进行升降级、版本管理、扩缩容、运维管理、配置管理等。

2015 年，第一个尝试解决这些问题的管理工具 Helm 诞生。它受到 Yum（Yellow dog Updater，Modified）、APT（Advanced Packaging Tool）、Homebrew 等包管理工具的影响，通过将应用的部署模板压缩成包（Chart），并标明版本号来管理、分发应用。它支持部署、更新、回滚、版本管理等功能，通过构建 Helm Repository，允许查找、分享 Helm Chart。

Helm is the best way to find, and use software built for Kubernetes（摘自 Helm 官网）。

随着 Kubernetes 的应用越来越广泛，很多复杂的有状态应用也逐渐使用 Kubernetes 部署，这不是 Helm 所擅长的。2016 年，CoreOS 公司（2018 年被 Red Hat 收购）推出了 Operator。它的核心理念是将日常的运维工作通过软件的方式内置到应用中，以满足业务应用的管理、监控、运维等需求。Red Hat Openshift 官网这样描述 Operator：

Automate the creation, configuration, and management of instances of Kubernetes-native applications。

例如，Operator 可以将以下工作实现自动化。

（1）按需部署应用。

（2）备份、恢复应用的状态和数据。

（3）有状态应用的升级，例如包含数据库 Schema 变更的升级。

（4）当应用不支持服务发现时，Operator 可以将 Kubernetes Service 暴露给应用。

（5）在高可用测试中，Operator 可以模拟 Kubernetes 集群故障。

（6）当分布式应用内部未实现选举功能时，Operator 可以帮助应用实现选举。

2019 年初，Red Hat 联合 AWS、Google、Microsoft 等公司推出了 OperatorHub.io，类似于 DockerHub，供开发者和用户分享、使用 Operator（如图 1-8 所示）。目前已经有 180 多款 Operator，涉及众多方面，如数据库、大数据、人工智能、监控、日志、网络、安全。在 GitHub 上，也有大量优秀的 Operator 开源方案，可以说，Operator 已经成为分布式应用在 Kubernetes 集群上部署的首选方案。

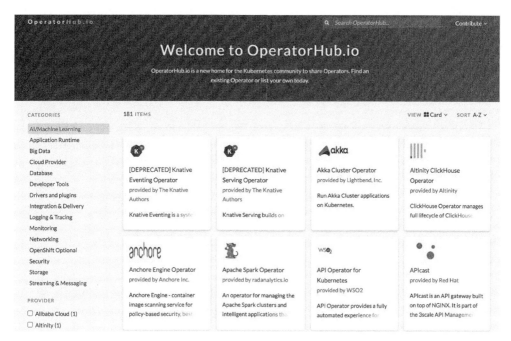

图 1-8 OperatorHub.io

本书将对 Operator 进行深度分析和实践，帮助大家快速掌握使用 Operator 编写 Kubernetes-native 应用的方法。

1.2 Operator 介绍

在 Kubernetes 中我们经常使用 Deployment、DaemonSet、Service、ConfigMap 等资源，这些资源都是 Kubernetes 的内置资源，它们的创建、更新、删除等均由 Controller Manager 负责管理，触发相应的动作来满足期望状态（Spec），这种声明式的方式简化了用户的操作，用户在使用时只需关心应用程序的最终状态即可。随着 Kubernetes 的发展，在大数据、人工智能等领域出现了一些场景更为复杂的分布式应用系统，原生 Kubernetes 内置资源在这些场景下就显得有些力不从心。

（1）不同应用平台需要管理的目标各有差异，如何在 Kubernetes 中兼容定义管理的目标？

（2）如何管理和备份系统的应用数据，协调各应用之间不同生命周期的状态？

（3）能否用同样的 Kubectl 命令来管理自己定义的复杂分布式应用？

在这些场景下，Kubernetes 自身基础模型已经无法支撑不同业务领域下的自动化场景。为了满足这些需求，谷歌提出了 Third Party Resources（TPR）概念，允许开发者根据业务需求的变化自定义资源和控制器，用于编写面向领域知识的业务逻辑控制，这就是 Operator 的核心概念。

Operator 是一种封装、部署和管理 Kubernetes 应用的方法，用户可以使用 Kubernetes API 和 Kubectl 工具在 Kubernetes 上部署并管理 Kubernetes 应用。Operator 基于基本 Kubernetes 资源和控制器概念构建，但又涵盖了特定领域或应用的知识，用于实现其所管理软件的整个生命周期的自动化，它是一种特定于应用的控制器，可扩展 Kubernetes API 的功能，是 Kubernetes 用户创建、配置和管理复杂应用的实例。

在 Kubernetes 内置资源中，Controller Manager 实施控制循环，反复比较集群中的期望状态和实际状态，如果集群的实际状态和期望状态不一致，则采取措施使二者一致。Operator 使用自定义资源（CR）管理应用，CR 引入新的对象类型后，Operator 监视 CR 类型，并采取特定于应用的操作，确保 CR 对象当前实际状态和期望状态一致，用户可通过在 Operator 中编写自定义规则来扩展新功能和更新现有功能，可以像操作 Kubernetes 原生组件一样，通过声明式的方式定义一组业务应用的期望状态，监控操作自定义资源，该特性使 Operator 几乎可以在 Kubernetes 中执行任何操作，包括扩展复杂的应用、版本升级、管理有状态的服务等。这种设计使应用维护人员只需要关注配置自身应用的期望运行状态，而无须投入大量的精力在部署应用或业务运行过程中频繁操作可能出错的运维命令。

1.2.1 Operator 简介

1. Operator 历史

Kubernetes（k8s）作为云原生应用的基石，已然成为当今容器编排的事实标准，为用户提供了很多拿来即用的基础资源组件，如 Deployment、Pod、Service、Configmap 等，这些基础组件为用户应用的部署和运维提供了极大的方便，Operator 的出现更是将 Kubernetes 在容器化道路上推向了一个新的高度。现在，让我们先来了解 Kubernetes 和 Operator 的历史。

Docker 在 2014—2015 年是容器领域的佼佼者。Docker 公司前身是一个平台即服务的初创公司 dotCloud，它们发现，许多应用程序在管理依赖关系和二进制文件时需要做大量的工作，因此它们将 Linux Cgroups 和 Namespaces 的一些功能组合成一个包，这个包就是 Docker 镜像，它可以让应用程序在任何基础设施上持续运行，并提供简单的命令操作 Docker。随着 Docker 的风靡，Docker 容器上的应用越来越多，如何协调编排这些容器成为一个新的研究方向，因此，涌现了一批容器编排工具，包括 Nomad、Kubernetes、DockerSwarm 等，各种编排工具都可以使用容器来部署、管理和扩展应用程序，但是每个工具侧重点不同，最终 Kubernetes 脱颖而出。

谷歌于 2015 年 2 月发布 Kubernetes 并于 2016 年 3 月将其捐赠给了 CNCF。Kubernetes 对应用开发人员非常有吸引力，它减少了对基础设施的依赖，并为开发人员提供了强大的工具来编排无状态的 Docker 容器。Kubernetes 项目是容器编排的核心，在于一个叫作"控制器模式"的机制中，它通过对 ETCD 中的 API 对象的变化进行监听，并在 Controller 中对这些变化进行响应，无论是 Pod 等应用对象，还是存储设备、网络等服务对象，任何一个 API 对象发生变化时，Kubernetes 都会调用对应的 Controller 执行响应动作，实现编排动作。

2016 年，原 CoreOS 工程师邓洪超和他的同事在编程过程中突然有了一个想法，作为 Kubernetes 项目的用户，我们能不能编写一个 Controller 来定义自己所期望的编排动作呢？于是，这两位工程师将这个小项目称为 Operator，旨在通过扩展 Kubernetes 原生 API 的方式，在 Kubernetes 中添加一个新的 API 对象，自定义该对象的运维动作，就可以为 Kubernetes 应用提供创建、配置和管理应用生命周期能力。这个小项目一经公布，引起了大量 Kubernetes 开发者的热烈追捧，很快大量的分布式项目都通过 Operator 运行起来。

相比 Helm 描述静态关系的编排工具，Operator 定义的是应用运行起来后整个集群的动态逻辑。得益于 Kubernetes 良好的 API 设计范式，Operator 在保证自由度的同时，还可以展现出清晰的架构和设计逻辑，开发者们可以专注于填写自己的业务逻辑，只需很小的开发量即可完成一个复杂的分布式系统的运维工作。

虽然 Operator 一经面世就受到热烈追捧，但是它的发展并不是一帆风顺的。Operator 的诞生使得 Kubernetes 项目的负责人 Google 团队极为不适应，对于他们来说，Controller 应该是隐藏在 Kubernetes 内部实现的核心机制，即使开放了，也应该按照 Kubernetes 现有 API 规范成为 Controller Manager 管理下的一部分，Google 不希望失去 Kubernetes 生态系统的主导权。随着 Kubernetes 项目的发起人之一 Brendan Burns 加入 Red Hat，Google 团队和 RedHad 在社区推广 UAS（User Aggregated APIServer），它允许用户编写一个自定义的 APIServer，在这里面添加自定义 API，就可以与原生的 APIServer 绑定，部署在一起统一提供服务。并且 Red Hat 和 Google 还建议废弃 TPR，也就是 Operator 依赖的第三方接口资源，Operator 面临被关闭的风险。

在这种困境下，CoreOS 公司在 GitHub 上发布了一个帖子，让社区的开发者发声，挽救 TPR 和 Operator，由于 Operator 的用户太多，在来自社区的压力下，Google 和 Red Hat 最终选择了让步，Operator 从绝境中重生。后来 Kubernetes 使用 CRD 替代了 TPR，这两种机制除了名称，其他方面并没有什么变化。

2018 年，RedHad 完成了对 CoreOS 公司的收购，并推出了 Operator 框架，进一步完善了 Operator 相关工具，使 Operator 的地位得到了稳固。

2. Operator 组成

简单来说 Operator=Controller+CRD，Operator 是由 Kubernetes 自定义资源（CRD）和控制器（Controller）构成的云原生拓展服务，其中 CRD 定义了每个 Operator 需要创建和管理的自定义资源对象，底层实际就是通过 APIServer 接口在 ETCD 中注册一种新的资源类型，注册完成后就可以创建该资源类型的对象了。但是仅注册资源和创建资源对象是没有任何实际意义的，CRD 最重要的是需要配合对应的 Controller 来实现自定义资源的功能，达到自定义资源期望的状态，比如内置的 Deployment Controller 用来控制 Deployment 资源的功能，根据配置生成特定数量的 Pod 监控其状态，并根据事件做出相应的动作。

3. Operator 使用

用户想为自己的自定义资源构建一个 Kubernetes Operator，有很多工具可供选择，比如 Operator SDK、Kubebuilder，甚至可以使用 Operator SDK(Helm、Ansible、Go)。这些工具创建 Kubernetes Operator 用来监控自定义资源，并且根据资源的变化调整资源状态，如图 1-9 所示。

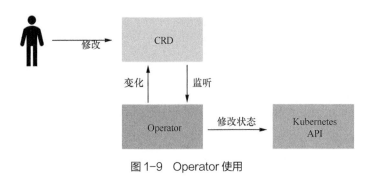

图 1-9 Operator 使用

Operator 作为自定义扩展资源以 Deployment 的方式部署到 k8s 中，通过 List-Watch 方式监听对应资源的变化，当用户修改自定义资源中的任何内容时，Operator 会监控资源的更改，并根据更改内容执行特定的操作，这些操作通常会对 Kubernetes API 中某些资源进行调用。

1.2.2　Operator 应用案例

前面介绍了基于 CR 和相应的自定义资源控制器，我们可以自定义扩展 Kubernetes 原生的模型元素，这样的自定义模型可以加入到原生 Kubernetes API 管理；同时 Operator 开发者可以像使用原生 API 进行应用管理一样，通过声明式的方式定义一组业务应用的期状态，并且根据业务应用的自身特点编写相应控制器逻辑，以此完成对应用运行时刻生命周期的管理，并持续维护与期望状态的一致性。

在本节我们将介绍如何使用 Kubebuilder 工具，快速构建一个 Kubernetes Operator，通过创建 CRD 完成一个简单的 Web 应用部署，通过编写控制器相关业务逻辑，完成对 CRD 的自动化管理。

1. Kubebuilder 介绍

Kubebuilder 是一个用 Go 语言构建 Kubernetes API 控制器和 CRD 的脚手架工具，通过使用 Kubebuilder，用户可以遵循一套简单的编程框架，编写 Operator 应用实例。

（1）依赖条件

① go version v1.13+。

② docker version 17.03+。

③ kubectl version v1.11.3+。

④ Access to a Kubernetes v1.11.3+ cluster。

（2）安装 Kubebuilder

在安装 Kubebuilder 前，首先需要安装 Go 语言环境，针对不同的操作系统，安装方法可参考 Go 语言官方文档。

安装完成后，我们通过如下命令验证是否安装完成：

```
$ go version
```

查看命令是否正确回显当前安装的 Go 语言版本，输入如下命令查看 Go 语言环境变量：

```
$ go env
```

我们可以看到 GOOS 及 GOARCH 等常用环境变量配置，然后安装 Kubebuilder，具体 shell 命令见代码清单 1-2。

代码清单 1-2

```
os=$(go env GOOS)
arch=$(go env GOARCH)

# download kubebuilder and extract it to tmp
curl -L https://go.kubebuilder.io/dl/2.3.1/${os}/${arch} | tar -xz -C /tmp/

# move to a long-term location and put it on your path
# (you'll need to set the KUBEBUILDER_ASSETS env var if you put it somewhere else)
sudo mv /tmp/kubebuilder_2.3.1_${os}_${arch} /usr/local/kubebuilder
export PATH=$PATH:/usr/local/kubebuilder/bin
```

执行完成后，输入如下命令检查是否正确：

`$ kubebuilder   version`

至此 Kubebuilder 已安装完成，使用 kubebuilder -h 可以查看帮助文档。

2. Welcome 案例介绍

Welcome 案例主要实现使用 Operator 和 CRD 部署一套完整的应用环境，可以实现根据自定义类型创建资源，通过创建一个 Welcome 类型的资源，后台自动创建 Deployment 和 Service，通过 Web 页面访问 Service 呈现应用部署，通过自定义控制器方式进行控制管理，整体流程如图 1-10 所示。

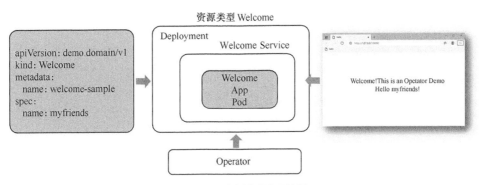

图 1-10　案例应用交互流程

本案例中，我们需要创建 Welcome 自定义资源及对应的 Controllers，最终我们可以通过类似代码清单 1-3 的 Yaml 文件部署简单的 Web 应用。

代码清单 1-3

```
apiVersion: webapp.demo.welcome.domain/v1
kind: Welcome
metadata:
  name: welcome-sample
spec:
  name: myfriends
```

（1）Web 应用介绍

本案例中，我们使用 Go 语言 http 模块创建了一个 Web 服务，用户访问页面后会自动加载 NAME 及 PORT 环境变量并渲染 index.html 静态文件，代码逻辑见代码清单 1-4。

代码清单 1-4

```
func main() {
    name := os.Getenv("NAME")
    hello := fmt.Sprintf("Hello %s ", name)
    http.Handle("/hello/", http.StripPrefix("/hello/", http.FileServer(http.Dir("static"))))
    f, err := os.OpenFile("./static/index.html", os.O_APPEND|os.O_WRONLY|os.O_CREATE, 0600)
    if err != nil {
        panic(err)
    }
    defer f.Close()
    if _, err = f.WriteString(hello); err != nil {
        panic(err)
    }
    port := os.Getenv("PORT")
    if port == "" {
        port = "8080"
    }
}
```

其中，NAME 环境变量通过我们在 Welcome 中定义的 name 字段获取，我们在下面的控制器编写中会详细介绍获取字段的详细方法。我们将 index.html 放在 Static 文件夹下，并将工程文件打包为 Docker 镜像，Dockerfile 见代码清单 1-5。

代码清单 1-5

```
FROM golang:1.12 as builder
# Copy local code to the container image.
WORKDIR /
COPY . .
COPY static
# Build the command inside the container.
RUN CGO_ENABLED=0 GOOS=linux go build -v -o main
# Use a Docker multi-stage build to create a lean production image.
FROM alpine
RUN apk add --no-cache ca-certificates
# Copy the binary to the production image from the builder stage.
COPY --from=builder /main /usr/local/main
COPY --from=builder static /static
# Run the web service on container startup.
CMD ["/usr/local/main"]
```

本案例中 Docker 镜像文件已上传至 dockerhub，可以通过 docker pull sdfcdwefe/welcome_demo:v1 进行下载。

（2）项目初始化

接下来，我们使用代码清单 1-6 中的 Kubebuilder 命令进行项目初始化工作。

代码清单 1-6

```
$ mkdir demo
$ cd demo
$ go mod init welcome_demo.domain
$ kubebuilder init --domain demo.welcome.domain
```

初始化项目后，Kubebuilder 会自动生成 main.go 文件等一系列配置和代码框架（见代码清单 1-7）。

代码清单 1-7

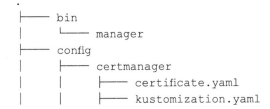

```
.
├── bin
│   └── manager
├── config
│   ├── certmanager
│   │   ├── certificate.yaml
│   │   ├── kustomization.yaml
```

```
│   │   └── kustomizeconfig.yaml
│   ├── default
│   │   ├── kustomization.yaml
│   │   ├── manager_auth_proxy_patch.yaml
│   │   ├── manager_webhook_patch.yaml
│   │   └── webhookcainjection_patch.yaml
│   ├── manager
│   │   ├── kustomization.yaml
│   │   └── manager.yaml
│   ├── prometheus
│   │   ├── kustomization.yaml
│   │   └── monitor.yaml
│   ├── rbac
│   │   ├── auth_proxy_client_clusterrole.yaml
│   │   ├── auth_proxy_role_binding.yaml
│   │   ├── auth_proxy_role.yaml
│   │   ├── auth_proxy_service.yaml
│   │   ├── kustomization.yaml
│   │   ├── leader_election_role_binding.yaml
│   │   ├── leader_election_role.yaml
│   │   └── role_binding.yaml
│   └── webhook
│       ├── kustomization.yaml
│       ├── kustomizeconfig.yaml
│       └── service.yaml
├── Dockerfile
├── go.mod
├── go.sum
├── hack
│   └── boilerplate.go.txt
├── main.go
├── Makefile
└── PROJECT
```

接下来我们使用代码清单 1-8 创建 "Welcome" Kind 和其对应的控制器。

代码清单 1-8

```
$ kubebuilder create api --group webapp --kind Welcome --version v1
Create Resource [y/n]
y
Create Controller [y/n]
y
```

输入两次 y，Kubebuilder 分别创建了资源和控制器的模板，此处的 group、version、kind 这 3 个属性组合起来标识一个 k8s 的 CRD，创建完成后，Kubebuilder 添加文件见代码清单 1-9。

代码清单 1-9

```
├── api
│   └── v1
│       ├── groupversion_info.go
│       ├── welcome_types.go            // 自定义 CRD 结构需修改的文件
│       └── zz_generated.deepcopy.go
├── bin
│   └── manager
├── config
│   ├── certmanager
│   │   ├── certificate.yaml
│   │   ├── kustomization.yaml
│   │   └── kustomizeconfig.yaml
│   ├── crd
│   │   ├── bases
│   │   │   └── webapp.demo.welcome.domain_welcomes.yaml
│   │   ├── kustomization.yaml
│   │   ├── kustomizeconfig.yaml
│   │   └── patches
│   │       ├── cainjection_in_welcomes.yaml
│   │       └── webhook_in_welcomes.yaml
│   ├── default
│   │   ├── kustomization.yaml
│   │   ├── manager_auth_proxy_patch.yaml
│   │   ├── manager_webhook_patch.yaml
│   │   └── webhookcainjection_patch.yaml
│   ├── manager
│   │   ├── kustomization.yaml
│   │   └── manager.yaml
│   ├── prometheus
│   │   ├── kustomization.yaml
│   │   └── monitor.yaml
│   ├── rbac
│   │   ├── auth_proxy_client_clusterrole.yaml
│   │   ├── auth_proxy_role_binding.yaml
│   │   ├── auth_proxy_role.yaml
│   │   ├── auth_proxy_service.yaml
│   │   ├── kustomization.yaml
│   │   ├── leader_election_role_binding.yaml
```

```
|   |       ├── leader_election_role.yaml
|   |       ├── role_binding.yaml
|   |       ├── role.yaml
|   |       ├── welcome_editor_role.yaml
|   |       └── welcome_viewer_role.yaml
|   ├── samples
|   |   └── webapp_v1_welcome.yaml            // 简单的自定义资源 Yaml 文件
|   └── webhook
|       ├── kustomization.yaml
|       ├── kustomizeconfig.yaml
|       └── service.yaml
├── controllers
|   ├── suite_test.go
|   └── welcome_controller.go                 // CRD Controller 核心逻辑
├── Dockerfile
├── go.mod
├── go.sum
├── hack
|   └── boilerplate.go.txt
├── main.go
├── Makefile
└── PROJECT
```

后续需要执行两步操作：

① 修改 Resource Type；

② 修改 Controller 逻辑。

（3）修改 Resource Type

此处 Resource Type 为需要定义的资源字段，用于在 Yaml 文件中进行声明，本案例中需要新增 name 字段用于 "Welcome" Kind 中的 Web 应用，见代码清单 1-10。

代码清单 1-10

```
/api/v1/welcome_types.go
type WelcomeSpec struct {
    // INSERT ADDITIONAL SPEC FIELDS - desired state of cluster
    // Important: Run "make" to regenerate code after modifying this file

    // Foo is an example field of Welcome. Edit Welcome_types.go to remove/update
    // Foo string `json:"foo,omitempty"`
    Name string `json:"name,omitempty"`
}
```

（4）修改 Controller 逻辑

在 Controller 中需要通过 Reconcile 方法完成 Deployment 和 Service 部署，并最终达到期望的状态。

Controller 中的代码见代码清单 1-11，我们需要在其中加入业务逻辑。

代码清单 1-11

```
// +kubebuilder:rbac:groups=webapp.demo.welcome.domain,resources=welcomes,verbs=get;list;watch;create;update;patch;delete
// +kubebuilder:rbac:groups=webapp.demo.welcome.domain,resources=welcomes/status,verbs=get;update;patch

// +kubebuilder:rbac:groups=apps,resources=deployments,verbs=list;watch;get;patch;create;update
// +kubebuilder:rbac:groups=core,resources=services,verbs=list;watch;get;patch;create;update
func (r *WelcomeReconciler) Reconcile(req ctrl.Request) (ctrl.Result, error) {
    ctx := context.Background()
    log := r.Log.WithValues("welcome", req.NamespacedName)
    log.Info("reconciling welcome")
```

此处有两组"+"标识，第一组用于 Operator 更新 Welcome 资源对象，第二组用于创建 Deployment 和 Service。接下来完成 Welcome 类型控制器的部分代码的实现（见代码清单 1-12）。

代码清单 1-12

```
    deployment, err := r.createWelcomeDeployment(welcome)
    if err != nil {
        return ctrl.Result{}, err
    }
    log.Info("create deployment success!")

    svc, err := r.createService(welcome)
    if err != nil {
        return ctrl.Result{}, err
    }
    log.Info("create service success!")
    applyOpts := []client.PatchOption{client.ForceOwnership, client.FieldOwner("welcome_controller")}

    err = r.Patch(ctx, &deployment, client.Apply, applyOpts...)
```

```
    if err != nil {
        return ctrl.Result{}, err
    }

    err = r.Patch(ctx, &svc, client.Apply, applyOpts...)
    if err != nil {
        return ctrl.Result{}, err
    }
}
```

在控制器部分需要完成 Deployment 和 Service 的创建，并完成两者的关联，在上述代码中，我们分别通过调用 createWelcomeDeployment 和 createService 方法完成对象的创建，接下来我们完成上述方法的具体实现（见代码清单 1-13）。

代码清单 1-13

```go
func (r *WelcomeReconciler) createWelcomeDeployment(welcome webappv1.Welcome) (appsv1.Deployment, error) {
    defOne := int32(1)
    name := welcome.Spec.Name
    if name == "" {
        name = "world"
    }
    depl := appsv1.Deployment{
        TypeMeta: metav1.TypeMeta{APIVersion: appsv1.SchemeGroupVersion.String(), Kind: "Deployment"},
        ObjectMeta: metav1.ObjectMeta{
            Name:      welcome.Name,
            Namespace: welcome.Namespace,
        },
        Spec: appsv1.DeploymentSpec{
            Replicas: &defOne,
            Selector: &metav1.LabelSelector{
                MatchLabels: map[string]string{"welcome": welcome.Name},
            },
            Template: corev1.PodTemplateSpec{
                ObjectMeta: metav1.ObjectMeta{
                    Labels: map[string]string{"welcome": welcome.Name},
                },
                Spec: corev1.PodSpec{
                    Containers: []corev1.Container{
                        {
                            Name: "welcome",
                            Env: []corev1.EnvVar{
```

```
                                {Name: "NAME", Value: name},
                    },
                    Ports: []corev1.ContainerPort{
                        {ContainerPort: 8080, Name: "http",
Protocol: "TCP"},
                    },
                    Image: "sdfcdwefe/operatordemo:v1",
                    Resources: corev1.ResourceRequirements{
                        Requests: corev1.ResourceList{
                            corev1.ResourceCPU:    *resource.
NewMilliQuantity(100, resource.DecimalSI),
                            corev1.ResourceMemory: *resource.
NewMilliQuantity(100000, resource.BinarySI),
```

在上述代码中，我们在 Deployment 使用了之前制作的 Docker 镜像，将 Types 中获得的 NAME 字段作为环境变量传入镜像中，在镜像执行 main 函数时，即可获得 NAME 字段并修改 index 文件，在文件中插入 NAME，并默认开启 8080 监听端口，用户通过 Web 访问时即可获得最终的期望值。

接下来，我们完成 Service 部分代码的实现（见代码清单 1-14）。

代码清单 1-14

```
func (r *WelcomeReconciler) createService(welcome webappv1.Welcome) (corev1.
Service, error) {
    svc := corev1.Service{
        TypeMeta: metav1.TypeMeta{APIVersion: corev1.SchemeGroupVersion.
String(), Kind: "Service"},
        ObjectMeta: metav1.ObjectMeta{
            Name:      welcome.Name,
            Namespace: welcome.Namespace,
        },
        Spec: corev1.ServiceSpec{
            Ports: []corev1.ServicePort{
                {Name: "http", Port: 8080, Protocol: "TCP", TargetPort:
intstr.FromString("http")},
            },
            Selector: map[string]string{"welcome": welcome.Name},
            Type:     corev1.ServiceTypeLoadBalancer,
        },
    }
```

在本例中，我们创建了 LoadBalancer 类型的 Service。通过 kubectl get svc 命令可以

获取 URL 地址，也可以访问 Web 应用。

（5）Welcome 应用部署

接下来，我们部署前面步骤中更新的 Type 和 Controller 文件，并创建 Welcome 类型资源（见代码清单 1-15）。

代码清单 1-15

```
$ kubectl create -f config/crd/bases/
$ kubectl create -f config/samples/webapp_v1_welcome.yaml
```

此时，我们通过 kubectl get crd 命令可以看到自定义对象已经生效（见代码清单 1-16）。

代码清单 1-16

```
$ kubectl get crd
NAME                                  CREATED AT
crontabs.stable.example.com           2021-02-18T06:23:11Z
welcomes.webapp.demo.welcome.domain   2021-03-10T13:06:37Z
```

通过 kubectl get welcome 命令可以看到创建的 welcome 对象（见代码清单 1-17）。

代码清单 1-17

```
$ kubectl get welcome
NAME              AGE
welcome-sample    3s
```

此时 CRD 并不会完成任何工作，只是在 ETCD 中创建了一条记录，我们需要运行 Controller 才能帮助我们完成调谐工作并最终达到 welcome 定义的状态。

```
$ make run
```

以上方式在本地启动控制器，方便调试和验证，最终显示见代码清单 1-18。

代码清单 1-18

```
2021-03-11T21:04:56.904+0800    INFO    controller-runtime.metrics    metrics server is starting to listen    {"addr": ":8080"}
2021-03-11T21:04:56.904+0800    INFO    setup    starting manager
2021-03-11T21:04:56.904+0800    INFO    controller-runtime.manager    starting metrics server    {"path": "/metrics"}
2021-03-11T21:04:56.905+0800    INFO    controller-runtime.controller
    Starting EventSource  {"controller": "welcome", "source": "kind source:
```

```
/, Kind="}
2021-03-11T21:04:57.005+0800    INFO    controller-runtime.controller
      Starting Controller    {"controller": "welcome"}
2021-03-11T21:04:57.005+0800    INFO    controller-runtime.controller
      Starting workers        {"controller": "welcome", "worker count": 1}
2021-03-11T21:04:57.006+0800 INFO    controllers.Welcome    reconciling welcome
{"welcome": "default/welcome-sample"}
2021-03-11T21:04:57.006+0800 INFO    controllers.Welcome    create deployment success!
{"welcome": "default/welcome-sample"}
2021-03-11T21:04:57.056+0800 INFO    controllers.Welcome    create service success!
{"welcome": "default/welcome-sample"}
2021-03-11T21:04:57.056+0800 INFO    controllers.Welcome    create deploy and service
success!    {"welcome": "default/welcome-sample"}
2021-03-11T21:04:57.056+0800        DEBUG controller-runtime.controller
      Successfully Reconciled        {"controller": "welcome", "request": "default/
welcome-sample"}
```

此时我们通过代码清单 1-19 验证控制器是否完成对象创建及状态更新。

代码清单 1-19

```
$ kubectl get deploy
NAME                READY    UP-TO-DATE    AVAILABLE    AGE
welcome-sample      1/1      1             1            3m2s
```

通过代码清单 1-20 可以看到，Deployment 已经创建成功，并且达到期望的副本数量。

代码清单 1-20

```
$ kubectl get svc
NAME              TYPE          CLUSTER-IP        EXTERNAL-IP    PORT(S)
AGE
kubernetes        ClusterIP     10.96.0.1         <none>         443/TCP
212d
welcome-sample    LoadBalancer  10.96.242.198     <pending>      8080:32181/
TCP    4m12s
```

通过代码清单 1-21 可以看到，此时 Service 已经创建成功，并且分配到集群 IP，我们通过集群 IP 访问应用查看。

代码清单 1-21

```
$ curl -L 10.96.242.198:8080/hello/
<html ng-app="redis">
```

```html
<head>
  <title>Hello </title>

</head>
<body>
  <div style="width: 50%; margin-left: 20px">
    <h2>Welcome! This is an Opetator Demo</h2>
  </div>
</body>
</html>
Hello myfriends
```

1.2.3 主流 Operator 开发工具介绍

我们通过前面的内容了解到，Operator 的运行机制是作为自定义扩展资源注册到 Controller Manager，通过 List-Watch 的方式监听对应资源的变化，然后在周期内的各个环节进行相应的协调。在 Operator 开发工具出现前，用户为了实现一个 Operator，需要完全实现从 Kubernetes Client 创建，到监听 Kubernetes APIServer 请求，再到请求队列化，以及后面的业务逻辑等一整套逻辑。

Operator 开发工具将 Operator 实现过程逻辑封装和抽象成公共的库和工具，并通过 SDK 等方式供开发者二次开发使用。开发者在开发 Operator 时，只需要通过开发工具生成脚手架代码——他们无须关心 Kubernetes APIServer 发来的请求是怎样进入请求队列，被依次执行的，只需要专注于如何处理当前的请求即可。其他事情，Scaffolding 代码中用到的 Controller-runtime 等库会帮助处理。

目前，Operator SDK（来自于 CoreOS）和 Kubebuilder（来自于 Kubernetes）是开发 Operator 常用的两种 SDK，或者称为大框架（Framework），两种方式都完成了步骤规范和初始化元素，并生成相应的模板，便于开发者实现加入自定义的功能。接下来我们为大家分别介绍上述两种工具。

1. Kubebuilder

Kubebuilder 是一个帮助开发者快速开发 Kubernetes API 的脚手架命令行工具，依赖 Controller-tool 和 Controller-runtime 等库，简化 Kubernetes Controller 的开发，并且对 Kubernetes 的几个常用库进行了封装，图 1-11 为 Kubebuilder 的工作流程。

Kubebuilder 的整体工作流程如下。

（1）初始化一个新的工程目录。

（2）创建一个或多个资源 API CRD，然后将字段添加到资源。

（3）在控制器中实现协调循环（Reconcile Loop），监听额外的资源。

（4）在集群中运行测试（自动安装 CRD 并自动启动控制器）。

（5）更新引导测试新字段和业务逻辑。

（6）生产环境使用 Dockerfile 构建和发布容器。

其中步骤（2）和（3）是 Kubebuilder 核心业务逻辑，其余步骤均通过自动生成脚手架代码方式完成。Kubebuilder 脚手架生成 Operator 的代码后，开发者只需要在图 1-11 的 Reconciler 中实现自己的控制逻辑即可完成 Operator 的构建和发布。

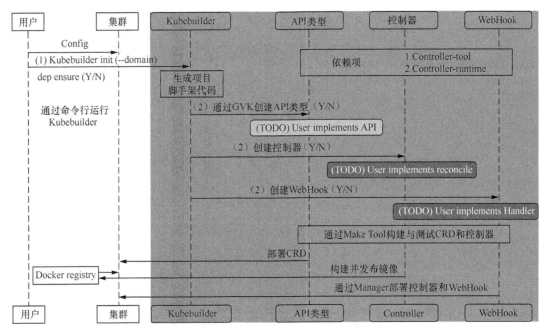

图 1-11　Kubebuilder 的工作流程

2. Operator Framework

Operator Framework 是 Red Hat 和 Kubernetes 社区共同推出的开源项目框架，旨在帮助开发者高效、快速地开发自身业务对应的 Operator。Operator Framework 其实是一组用于快速开发 Operator 的开源工具集，它主要包含如下 3 个组件。

（1）Operator SDK

Operator SDK 提供了一组用于构建、测试和打包 Operator 的工具，一个 Operator 开发者可以利用 SDK 方便、高效地生成一套具备基础框架的 Operator 脚手架代码，它抽象了 Client-go 库的实现细节，开发者无须了解如何扩展复杂的 Kubernetes API 模型和具体的 Controller 框架。Operator SDK 工具与手动编写 CRD/Operator 代码相比，需要完成 CRD 类型创建及 Reconcile 控制循环，但是对于创建目录结构、定义注册和文件等通用步骤均由 Operator SDK 自动帮助完成。

（2）Operator 生命周期管理

Operator 的生命周期管理由 OLM（Operator Lifecycle Manager）完成，当开发者使用 SDK 构建好自己的 Operator 后，可以使用 OLM 将其部署到对应的 Kubernetes 集群中。通过 OLM，集群管理员可以控制 Operator 部署在哪些 Namespace 中。除此以外，OLM 还负责在 Operator 实例运行的生命周期中进行相应的管理工作，如 Operator 和其依赖资源的自动化更新等运维操作。

（3）Operator Metering

在 Kubernetes 广泛应用的自动扩缩容或混合云部署等业务场景下，资源计量是客户的重要需求，同时它也是业务应用计量计费的依据。另外，对于大规模分布式的 Operator 应用场景，Metering 也是聚合统计资源和服务使用情况的有效手段之一。

1.3 本章小结

本章从云计算的发展历史角度介绍了云原生的起源与发展。Kubernetes 已经成为目前云原生应用开发、编排、部署的标准，在其生态之中，Operator 是一种广受欢迎的云原生应用开发框架。本章也介绍了 Operator 相关的历史、组成及使用方式。第 2 章将详细介绍 Operator。

第 2 章

Chapter 2

Operator 原理

Operator 的概念是由 CoreOS 公司的工程师于 2016 年提出的，它可以让工程师根据应用独有的领域逻辑编写自定义的控制器。我们通过一个简单的例子理解 Operator。假设有一个连接数据库的 Go Web 程序，开发者想将其部署到 k8s 集群。在理想情况下，你会希望用 Deployment 部署应用，然后暴露给 Service，对于应用服务的后端则是使用 StatuflSet 部署数据库，所以需要完成两部分的部署才能完成整个应用服务部署，前提条件：（1）无状态部分，部署 Go Web 应用；（2）有状态部分，部署数据库。

在上面的例子中，我们可以应用自身对应用程序与数据库之间关系的了解创建一个控制器，该控制器将以某种特定方式运行时执行某些操作，比如备份、更新、数据还原这些任务该如何完成取决于应用程序本身和业务限制（领域知识）。这些与应用强相关的操作就是 Kubernetes Operator 要实现的：代替原本需要由网站可靠性工程师（SRE，Site Reliability Enginner）和运维工程师来完成的操作。在 Kubernetes 中 Operator 就是 Kubernetes API 的客户端，扮演 Controller 的角色管理 CRD。

2.1 Operator 简介

在介绍 Operator 之前，我们先通过 Kubeclt 命令行创建 Kubernetes 的 Namespace，那么，从发送一条创建命令到被 Kubernetes 执行完成这一过程发生了什么。

首先通过执行以下命令创建一个 Namespace。

```
kubeclt create -f namespace-nginx.yaml
```

Yaml 文件见代码清单 2-1。

代码清单 2-1

```
apiVersion: v1
kind: Namespace
metadata:
  name: nginx
```

这时 Kubectl 会向 API 服务器发送一个 POST 请求，API 请求格式见代码清单 2-2。

代码清单 2-2

```
curl --request POST \
  --url http://${k8s.host}:${k8s.port}/api/v1/namespaces \
  --header 'content-type: application/json' \
```

```
--data '{
"apiVersion":"v1",
"kind":"Namespace",
"metadata":{
    "name":"nginx"
}
```

从中可以看出 Kubernetes 集群的组件交互都是通过 RESTful API 的形式完成的。流程如图 2-1 所示。

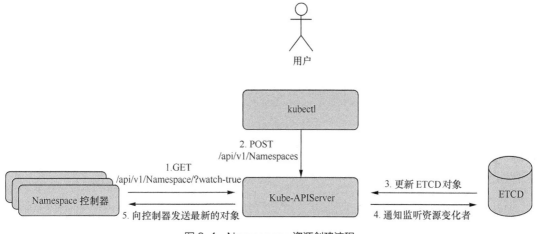

图 2-1　Namespace 资源创建流程

从上面的 cURL 指令可以看出，尽管我们编写的是 Yaml 文件格式，但是 Kubernetes APIServer 接收的是 JSON 数据类型，而并非用户编写的 Yaml，然后创建的所有资源的请求都通过 Kube-APIServer 预处理、检测处理后持久化到 ETCD 组件中。其中 APIServer 也是 Kubernetes 集群中与 ETCD 交互的唯一一个组件。如果 Namespace 资源被创建在 ETCD 之后，Kubernetes 事件监听机制就会将 Namespace 资源的变化情况发送给监听 Namespaces 资源的 Namespace 控制器，最后由 Namespace 控制器执行创建 Nginx 命名空间的具体操作。同理，Kubernetes 中的其他资源操作类似，都会存在对应的资源控制器来处理响应的资源请求。这些控制器共同组成了 Kubernetes API 控制器集合。

我们不难发现，实现 Kubernetes 中某一种资源类型，如 Namespace、ReplicaSet、Pod 等，Kubernetes 中的资源类型需要满足以下要求。

（1）对该领域类型的模型抽象，如上面 namespace-nginx.yaml 文件描述的 Yaml 数据结构，这个抽象决定了 Kubernetes Client 发送到 Kubernetes APIServer 的 RESTful API 请求数据内容，也描述了这个领域类型本身。

（2）实际去处理这个领域类型抽象的控制器，例如 Namespace 控制器、ReplicaSet 控制器、Pod 控制器，这些控制器实现了这个抽象描述的具体业务逻辑，并通过 RESTful API 提供这些服务。

我们将这种资源设计方式称为"声明式 API"。而当 Kubernetes 开发者需要扩展 Kubernetes 能力时，也可以遵循这种模式，即提供一份对想要扩展的能力的抽象以及实现了这个抽象具体逻辑的控制器。前者称作 CRD，后者称作 Controller。

Operator 就是通过这种方式实现 Kubernetes 扩展性的一种模式，Operator 模式可以将一个领域问题的解决办法想像成一个操作者，这个操作者在用户和集群之间，通过一份份订单去操作集群的 API，来达到满足这个领域各种需求的目的。这里的订单就是 CR（即 CRD 的一个实例），而操作者就是控制器，是具体逻辑的实现者。之所以强调是 Operator，而不是计算机领域里传统的 Server 角色，是因为 Operator 本质上不创造和提供新的服务，它只是已有 Kubernetes APIServer 的组合。下面将着重介绍这些基础概念，什么是 CRD，什么是 Controller。

2.1.1　CRD 介绍

1. 声明式 API

什么是声明式 API 呢？首先我们需要了解在 Kubernetes 中，使用 Deployment、DamenSet、StatefulSet 等资源来管理应用 Workload，使用 Service、Ingress 等来管理应用的访问方式，使用 ConfigMap 和 Secret 来管理应用配置。在集群中对这些资源的创建、更新、删除的动作都会被转换为事件（Event），Kubernetes 的 Controller Manager 负责监听这些事件并触发相应的任务来满足用户的期望。这种方式称为声明式，用户只需要关心应用程序的最终状态，其他的过程都通过 Kubernetes 来完成，通过这种方式可以大大简化应用配置管理的复杂度。

声明式 API 指的是用户提交一个定义好的 API 对象来描述所期望的状态。例如上面创建的 Namespace 资源，这个资源类型表明用户期望的结果是创建一个名字为 Nginx 的命名空间。那么用户无须关心如何创建 Namespaces 资源，只需要关注结果即可。

什么是过程式 API 呢？过程式 API 一次只能处理一个写请求，否则可能会产生冲突，已不具备合并操作的能力。

声明式 API 的特点是允许有多个 API 写端以 PATCH 的方式对 API 对象进行修改，而无须关心本地原始 Yaml 文件的内容。声明式 API 才是 Kubernetes 项目编排能力的核心。对于 API 对象的增、删、改、查，可以在完全无须外界干预的情况下，完成对"实际状态"和"期望状态"的调谐（Reconcile）过程。这种调谐过程的实现者则是 Controller 的处理逻辑。

当开发者对 Kubernetes 的使用逐渐增多之后，会发现这些默认的资源不足以支撑我们的系统，以 Nginx Ingress 为例，如果用户想要实现负载均衡限流器功能，目前 Niginx Ingress 的配置不支持这样的特性，对于这种非通用的特性，Kubernetes 提供了一种扩展性的支撑方式，即自定义资源。

典型地，声明式 API 特点如下。

（1）你的 API 包含相对而言为数不多、尺寸较小的对象（资源）。
（2）对象定义了应用或者基础设施的配置信息。
（3）对象更新操作频率较低。
（4）通常需要人来读取或写入对象。
（5）对象的主要操作是 CRUD 风格的（创建、读取、更新和删除）。
（6）不需要跨对象的事务支持：API 对象代表的是期望状态而非确切实际状态。

命令式 API 与声明式有所不同。以下迹象表明你的 API 可能不是声明式 API。

（1）客户端发出"做这个操作"的指令，之后在该操作结束时获得同步响应。
（2）客户端发出"做这个操作"的指令，并获得一个操作 ID，之后需要检查一个 Operation 对象来判断请求是否成功完成。
（3）将你的 API 类比为 RPC。
（4）需要较高的访问带宽（长期保持每秒数十个请求）。
（5）在对象上执行的常规操作并非是 CRUD。
（6）API 不太容易用对象来建模。

2. CRD 场景

什么是 CRD 呢？为什么要有 CRD 资源呢？通过对下面内容的学习，大家会对 CRD 有概念性的认识。首先 Kubernetes 为用户提供了丰富的资源，如资源对象、配置对象、存储对象和策略对象，如表 2-1 所示。

表 2-1 资源对象表

类别	名称
资源对象	Pod、ReplicaSet、Deployment、StatefulSet、DammonSet、Job、CronJob
配置对象	Node、Namespace、Service、ConfigMap、Ingress、Label
存储对象	Volume、Persistent Volume
策略对象	SecurityContext、ResourceQuota、LimitRange

虽然 Kubernetes 为我们提供了丰富的资源类型，但是在不同应用场景下，某些传统资源类型仍不能满足用户需求，他们对平台可能存在一些特殊的需求，为了满足这些需求，Kubernetes 社区为我们提供了一种抽象 Kubernetes 的扩展资源。这种抽象的资源类型叫作自定义资源定义（CRD，Custom Resource Definition）。CRD 为我们提供资源的快速注册和使用的接口。其实在很早的 k8s 版本中自定义资源就已经被提出，当时叫作 TPR（Third Party Resource），这是与 CRD 类似的概念，但是在 1.9 以上的版本中被弃用，而 CRD 则进入 beta 状态。

（1）什么时候需要添加定制资源？

① 你希望使用 Kubernetes 客户端库和 CLI 来创建和更改新的资源。

② 你希望 Kubectl 能够直接支持你的资源。

③ 你希望构造新的自动化机制，监测新对象的更新事件，并对其他对象执行 CRUD（增加、检索、更新、删除）操作，或者监测后者更新前者。

④ 你希望编写自动化组件来处理对对象的更新。

⑤ 你希望使用 Kubernetes API 对诸如 .spec、.status 和 .metadata 等字段进行约定。

⑥ 你希望对象是对一组受控资源的抽象，或者对其他资源的归纳提炼。

（2）如何定义一个 CRD？

我们通过代码清单 2-3 中的 Yaml 文件来创建一个 Appconfig CRD 资源。

代码清单 2-3

```
apiVersion: apiextensions.k8s.io/v1
kind: CustomResourceDefinition
metadata:
  # 名称必须符合下面的格式：<plural>.<group>
  name: crontabs.stable.example.com
spec:
  # REST API 使用的组名称：/apis/<group>/<version>
```

```yaml
  group: stable.example.com
  # REST API 使用的版本号：/apis/<group>/<version>
  versions:
    - name: v1
      # 可以通过 served 来开关每个版本
      served: true
      # 有且仅有一个版本开启存储
      storage: true
      schema:
        openAPIV3Schema:
          type: object
          properties:
            spec:
              type: object
              properties:
                cronSpec:
                  type: string
                image:
                  type: string
                replicas:
                  type: integer
  # Namespaced 或 Cluster
  scope: Namespaced
  names:
    # URL 中使用的复数名称：/apis/<group>/<version>/<plural>
    plural: crontabs
    # CLI 中使用的单数名称
    singular: crontab
    # CamelCased 格式的单数类型。在清单文件中使用
    kind: CronTab
    # CLI 中使用的资源简称
    shortNames:
    - ct
```

首先我们解释一下创建的 CRD 的参数。

① 第一行和第二行我们定义了 CRD 的版本。

② metadata 定义了访问的 CRD 资源的名称，名称必须与下面的 spec 字段匹配。

③ Spec.group 定义了资源属于什么组，这里我们定义成 stable.example.com。

④ Spec.versions 定义了资源存储的版本，这里定义为 v1。

⑤ scope 定义了我们创建的资源的作用范围？这里定义成 Namespace 范围。

⑥ plural singular 定义了资源的单复数形式，这个根据实际情况命名即可。

我们执行 kubectl apply -f crd.yaml 就可以创建名称为 appconfig 的 CRD 资源了。同时我们定义的 CRD 资源 RESTful API 将会定义成 /apis/stable.example.com/v1/namespaces/*/crontabs/。

（3）如何创建一个 CRD 实例对象？

首先定义一个符合上面 CRD 资源的 apiVersion 和资源类型（kind）（见代码清单 2-4）。

代码清单 2-4

```
apiVersion: "stable.example.com/v1"
kind: CronTab
metadata:
  name: my-new-cron-object
spec:
  cronSpec: "* * * * */5"
  image: my-awesome-cron-image
```

创建 CRD 对象后，可以创建自定义对象，自定义对象可包含自定义字段。这些字段可以包含任意 JSON。如代码清单 2-4 所示，cronSpec 和 image 自定义字段在自定义对象中设置 CronTab。CronTab 类型来自上面创建的 CRD 对象的规范，然后执行 kubectle apply -f my-crontab.yaml 即可。

3. k8s API 设计规范

Kubernetes API 是集群系统中的重要组成部分，Kubernetes 中各种资源（对象）的数据通过该 API 被传送到后端的持久化存储（ETCD）中。Kubernetes 集群中的各部件之间通过该 API 实现解耦合，Kubernetes API 中的资源对象都拥有通用的元数据，资源对象也可能存在嵌套现象，比如在一个 Pod 中嵌套多个 Container。创建一个 API 对象是指通过 API 调用创建一条有意义的记录，该记录一旦被创建，Kubernetes 将确保对应的资源对象会被自动创建并托管维护。在 Kubernetes 系统中，大多数情况下，API 定义和实现都符合标准的 HTTP REST 格式，如通过标准的 HTTP 动作（POST、PUT、GET、DELETE）来完成对相关资源对象的查询、修改、删除等操作。但同时 Kubernetes 也为某些非标准的 REST 行为提供了附加的 API，例如，监听某个资源变化的 Watch 接口等。另外，某些 API 可能违背严格的 REST 模式，因为接口不是返回单一的 JSON 对象，而是返回其他类型的数据，如 JSON 对象流（Stream）或非结构化的文本日志数据等。 从上面的 CRD 定义中可以发现，在 Kubernetes 中要想完成一个 CRD，需要指定 Group、Version 和 Kind，这在 Kubernetes 的 APIServer 中简称为 GVK。当我们在 Kubernetes 中谈论 API 时，经常会提起 4 个术语：Groups 、Versions、Kinds 和 Resources。

（1）Groups /Versions

Kubernetes 中的 API 组简单来说就是相关功能的集合。每个组都有一个或多个版本，它允许我们随着时间的推移改变 API 的职责。

（2）Kinds/Resources

每个 API 组 - 版本包含一个或多个 API 类型，我们称之为 Kinds。虽然一个 Kind 可以在不同版本之间改变表单内容，但每个表单必须能够以某种方式存储其他表单的所有数据（我们可以将数据存储在字段或者注释中）。这意味着，使用旧的 API 版本不会导致新的数据丢失或损坏。

Resources 只是 API 中的一个 Kind 的使用方式。通常情况下，Kind 和 Resources 之间是一对一的映射。例如，Pods 资源对应于 Pod 种类。但是有时同一类型可能由多个资源返回。例如，Scale Kind 是由所有 Scale 子资源返回的，它由 Deployments/Scale 或 Replicasets/Scale 组成。这就是允许 Kubernetes HPA(Horizontal Pod Autoscaler) 与不同资源交互的原因。然而，使用 CRD 每个 Kind 都将对应一个 Resource。

GVK 是定义一种类型的方式。例如，Daemonsets 就是 Kubernetes 中的一种资源，当我们要求 Kubernetes 创建一个 Daemonsets 的时候，Kubectl 是如何知道该怎么向 APIServer 发送这个信息呢？是所有的不同资源都发向同一个 URL，还是每种资源都是不同的？例如 Daemonsets 资源内容（见代码清单 2-5）。

代码清单 2-5

```
apiVersion: apps/v1
kind: DaemonSet
metadata:
  name: node-exporter
```

这里声明了 apiVersion 是 apps/v1，其实就是隐含了 Group 是 apps，Version 是 v1，Kind 就是定义的 DaemonSet，而 Kubectl 接收到这个声明之后，就可以根据这个声明去调用 APIServer 对应的 URL 来获取信息。例如，/api/apps/v1/daemonset 这样的 API 就是由上面的设计规则实现的。Kubernetes 以符合 REST 规范的 URI 来组织资源，组织的路径如图 2-2 所示。

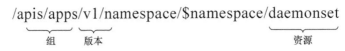

图 2-2　API 资源格式路径图

前面介绍了 GVK（Group、Version、Kind），接下来介绍 APIServer 的第二个概念 GVR（Group、Version、Resource）。其实理解了 GVK 之后再理解 GVR 就很容易了，这就是面向对象编程中的类和对象的概念是一样的。Kind 相当于一个类，Resource 是具体的 Kind，可以理解为一个类的对象资源。那么 GVR 资源如何对应到 GVK？这就是 REST Mapping 的功能：REST Mapping 可以将指定的一个 GVR（如 Daemonset 资源）通过转换映射返回对应的 GVK 以及支持的操作等。

（3）API 版本

为了在兼容旧版本的同时不断升级 API，Kubernetes 提供了多版本 API 的支持能力，每个版本的 API 通过一个版本号路径前缀加以区分，例如 /api/v1beta3。通常情况下，新旧几个不同的 API 版本都能涵盖所有的 Kubernetes 资源对象，在不同的版本之间这些 API 存在一些细微差别。Kubernetes 开发团队基于 API 级别选择版本而不是基于资源和域级别来选择版本，是为了确保 API 能够描述一个清晰、连续的系统资源和行为的视图，能够控制访问的整个过程和实验性 API 的访问。

API 详细说明如下。

① GET /< 资源名的复数格式 >：获得某一类型的资源列表，例如 GET /Pods 返回一个 Pod 资源列表。

② POST /< 资源名的复数格式 >：创建一个资源，该资源来自用户提供的 JSON 对象。

③ GET /< 资源名复数格式 >/< 名字 >：通过给出的名称（Name）获得单个资源，例如 GET /pods/podname 返回一个名称为 "podname" 的 Pod。

④ DELETE /< 资源名复数格式 >/< 名字 >：通过给出的名字删除单个资源。删除选项（DeleteOptions）中可以指定的优雅删除（Grace Deletion）的时间（Grace Period Seconds），该可选项表明了从服务端接收删除请求到资源被删除的时间间隔（单位为 s）。不同的类别（Kind）可能为优雅删除时间（Grace Period）申明默认值。用户提交的优雅删除时间将覆盖该默认值，包括值为 0 的优雅删除时间。

⑤ PUT /< 资源名复数格式 >/< 名字 >：通过给出的资源名和客户端提供的 JSON 对象来更新或创建资源。

⑥ PATCH /< 资源名复数格式 >/< 名字 >：选择修改资源详细指定的域。

此外，Kubernetes API 添加了资源变动的"观察者"模式的 API。

① GET /watch/< 资源名复数格式 >：随时间变化，不断接收一连串的 JSON 对象，这些 JSON 对象记录了给定资源类别内所有资源对象的变化情况。

② GET /watch/< 资源名复数格式 >/：随时间变化，不断接收一连串的 JSON 对象，这些 JSON 对象记录了某个给定资源对象的变化情况。

2.1.2 什么是 Controller

从字面意义来说，Controller 就是控制器，它是控制 Kubernetes 的资源实体。如何控制呢？它通过监听 Kubernetes 资源变化事件来实现，这个事件可能是用户发起的，例如，用户希望把资源从 A 状态更新到 B 状态，Controller 就会捕获这个事件并且响应这个事件，即更新目标资源。Kubernetes 默认内置了很多控制器，例如 PodController、NamespacesController、ServiceController，它们控制着 Kubernetes 默认资源，如 Pod、Deployment、Service 等，它们都包含在组件 Controller Manager 中。但如果你的资源是 CRD，因为没有对应默认的控制器，你必须为它编写自己的 Controller 逻辑。我们将这种实现自定义资源逻辑的控制器叫作 Controller。那么 Controller 是如何完成事件监听的，具体逻辑参考图 2-3。

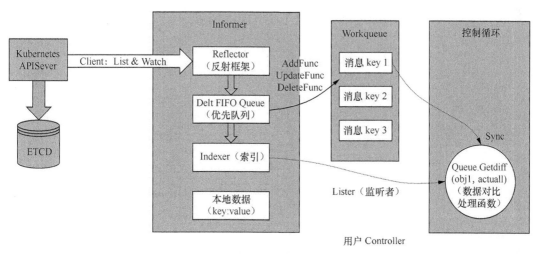

图 2-3　Controller 处理逻辑图

Controller 主要使用 Informer 和 Workqueue 两个核心组件。Controller 可以有一

个或多个 Informer 来跟踪某一个 Resource。Informter 与 APIServer 保持通信获取资源的最新状态并更新到本地的 Cache 中，一旦跟踪的资源有变化，Informer 就会调用 Callback。把变更的 Object 放到 Workqueue 中。然后 Woker 执行真正的业务逻辑，计算和比较 Workerqueue 中 items 的当前状态和期望状态的差别，然后通过 Client-go 向 APIServer 发送请求，直到驱动这个集群向用户要求的状态演化。我们将在下面的章节逐步介绍核心代码分析。

2.2 Client-go 原理

通过学习本节，你能清晰认识到 Client-go 主要用在 Kubernetes 的 Controller 中，包括内置的 Controller（如 Kube-Controller-Manager）和 CRD 控制器；该工具实现了对 Kubernetes 集群中各类资源对象（包括 Deployment、Service、Pod、Namespace、Node 等）的增删改查等操作。另外，通过代码分析，我们能够深入了解 Client-go 中各个组件（Reflector、Informer、Indexer）。最后，我们将介绍利用 Client-go 工具实现的一个简单的 Controller，据此，你可以了解 Controller 的大致结构。

2.2.1 Client-go 介绍

Client-go 是操作 Kubernetes 集群资源的编程式交互客户端库，利用对 Kubernetes APIServer 服务的交互访问，实现对 Kubernetes 集群中各类资源对象（包括 Deployment、Service、Pod、Namespace, Node 等）的增删改查等操作。

Client-go 不仅被 Kubernetes 项目本身使用（例如，在 Kubectl 内部），还在基于 Kubernetes 的二次开发中被许多外部用户使用：控制器 Operator，如 ETCD-Operator 或 Prometheus-Operator；高级框架如 KubeLess 和 OpenShift 等，所以熟悉 Client-go 对了解 Kubernetes 及其周边项目尤为重要。

1. 结构介绍

Kubernetes 官方 2016 年 8 月将 Kubernetes 资源操作相关的核心源码抽取出来，独立组成一个新项目：Client-go。

以下介绍的 Client-go 版本为 v0.18.0，源码目录结构见代码清单 2-6。

第 2 章 Operator 原理

代码清单 2-6

```
$tree -L 1
.
├── CHANGELOG.md
├── CONTRIBUTING.md
├── Godeps
├── INSTALL.md
├── LICENSE
├── OWNERS
├── README.md
├── SECURITY_CONTACTS
├── code-of-conduct.md
├── discovery         # 包含 DiscoveryClient 客户端，用于发现 Kubernetes APIServer 支
持的资源信息
├── dynamic           # 包含 DynamicClient 客户端，可以对任意 Kubernetes 资源执行通用操作
├── examples          # 包含 Client-go 库的使用范例
├── go.mod
├── go.sum
├── informers         # 包含各种 Kubernetes 资源的 Informer 实现
├── kubernetes        # 包含 clientset 客户端，可以访问所有 Kubernetes 自身内置的资源
├── kubernetes_test
├── listers           # 为各种 Kubernetes 资源提供 Lister 功能
├── metadata
├── pkg
├── plugin
├── rest
├── restmapper
├── scale
├── testing
├── third_party
├── tools             # 与 util 包一起提供常用工具，便于编写 Controller
├── transport         # 提供与 Kubernetes APIServer 的安全连接
└── util
```

2. 使用说明

操作 Kubernetes 集群的方式有多种，但本质上都要通过调用 Kubernetes REST API 实现对集群的访问和操作。例如，常用的 Kubectl 命令，当执行 Kubectl Get Pods 命令时，Kubectl 向 Kubernetes APIServer 完成认证，并发送 GET 请求（见代码清单 2-7）。

代码清单 2-7

```
GET /api/v1/namespaces/test/pods
---
200 OK
Content-Type: application/json
{
  "kind": "PodList",
  "apiVersion": "v1",
  "metadata": {...},
  "items": [...]
}
```

Client-go 库抽象封装了与 Kubernetes REST API 的交互，方便开发者对 Kubernetes 的二次开发。利用 Client-go 操作 Kubernetes 资源的流程基本如下。

（1）通过 KubeConfig 信息，构造 Config 实例。该实例记录了集群证书、Kubernetes APIServer 地址等信息。

（2）根据 Config 实例携带的信息，构建特定客户端（例如，ClientSet、DynamicSet 等）。

（3）利用客户端向 Kubernetes APIServer 发起请求，操纵 Kubernetes 资源。

下面以 Examples 目录中的示例讲解 Client-go 库的使用流程（见代码清单 2-8）。

示例：out-of-cluster-client-configuration，列出 default Namespace 下所有的 Pod 资源。

代码清单 2-8

```
func main() {
    var kubeconfig *string
    if home := homeDir(); home != "" {
        kubeconfig = flag.String(
            "kubeconfig",
            filepath.Join(home, ".kube", "config"),
            "(optional) absolute path to the kubeconfig file",
        )
    } else {
        kubeconfig = flag.String("kubeconfig", "", "absolute path to the kubeconfig file")
    }
    flag.Parse()

    // use the current context in kubeconfig
```

```go
        config, err := clientcmd.BuildConfigFromFlags("", *kubeconfig)
        if err != nil {
            panic(err.Error())
        }

        // create the clientset
        clientset, err := kubernetes.NewForConfig(config)
        if err != nil {
            panic(err.Error())
        }
        for {
            pods, err := clientset.CoreV1().Pods("").List(context.TODO(), metav1.ListOptions{})
            if err != nil {
                panic(err.Error())
            }

            //...
        }
}

func homeDir() string {
    if h := os.Getenv("HOME"); h != "" {
        return h
    }
    return os.Getenv("USERPROFILE") // windows
}
```

（1）加载配置信息

在访问 Kubernetes 集群时，需要进行身份认证。Kubeconfig 用于管理访问集群的配置信息，默认的 Kubeconfig 文件路径为 $HOME/.kube/config。范例中通过命令行参数配置，若存在 HOME 环境变量，则使用默认 Kubeconfig 配置，并利用 BuildConfigFromFlags 函数构建 Config 结构体。

（2）构建客户端

在操作资源前需要先构建对应客户端（具体客户端种类在后面章节介绍），示例中利用 NewForConfig 函数构建 ClientSet，ClientSet 能访问 Kubernetes 自身内置的资源，这里 ClientSet 负责列出 Pod 资源。

（3）操作资源

根据 Kubernetes 资源类型和版本的不同，ClientSet 中包含了一组操作资源的客户端，如代码清单 2-9 所示，操作 Pod 资源使用 CoreV1 客户端。示例中：CoreV1 方法返回对应客户端；Pods 方法指定要操作的对象是 Pod 资源，参数用于设定 Namespace 为空，表示 default Namespace；List 方法表示对资源的操作动作，有 List、Get、Create、Delete 等。最终返回的 Pods 变量就包含了所有 Pod 资源的信息。

代码清单 2-9

```
type Clientset struct {
        *discovery.DiscoveryClient
    //...
        coreV1                   *corev1.CoreV1Client

    //...
}
//...

// CoreV1 retrieves the CoreV1Client
func (c *Clientset) CoreV1() corev1.CoreV1Interface {
        return c.coreV1
}
```

以上只是简单介绍了 ClientSet 的使用流程，下面将详细讲解 Client-go 中所有客户端的功能原理及使用方式。

2.2.2 Client-go 主体结构

Client-go 共支持 4 种与 Kubernetes APIServer 交互的客户端逻辑，如图 2-4 所示。

（1）RESTClient：最基础的客户端，它主要对 HTTP 请求进行了封装，并且支持 JSON 和 Protobuf 格式数据。

（2）DiscoveryClient：发现客户端，发现 APIServer 支持的资源组、资源版本和资源信息。如 Kubectl Api-Versions。

（3）ClientSet：Kubernetes 自身内置资源的客户端集合，仅能操作已知类型的内置资源，如

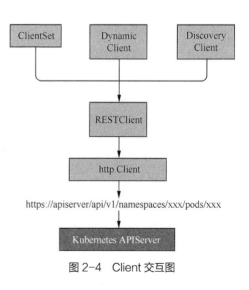

图 2-4 Client 交互图

Pods、Service 等。

（4）DynamicClient：动态客户端，可以对任意的 Kubernetes 资源执行通用操作，包括 CRD。

1. RESTClient

RESTClient 是所有客户端的父类，RESTClient 提供的 RESTful 方法（如 Get()、Put()、Post()、Delete() 等）与 Kubernetes APIServer 进行交互，ClientSet、DynamicClient 和 DiscoveryClient 等也都是基于 RESTClient 二次开发实现的。因此，RESTClient 可以操作 Kubernetes 自身内置的原生资源以及 CRD。

前面 Example，目录中的 out-of-cluster-client-configuration 示例，用 RESTClient 实现的代码见代码清单 2-10。

代码清单 2-10

```go
package main

import (
    "context"
    "fmt"

    corev1 "k8s.io/api/core/v1"
    metav1 "k8s.io/apimachinery/pkg/apis/meta/v1"
    "k8s.io/client-go/kubernetes/scheme"
    "k8s.io/client-go/rest"
    "k8s.io/client-go/tools/clientcmd"
)

func main() {
    // 加载配置文件，生成 config 对象
    config, err := clientcmd.BuildConfigFromFlags("", "/root/.kube/config")
    if err != nil {
        panic(err.Error())
    }
    // 配置 API 路径和请求的资源组 / 资源版本信息
    config.APIPath = "api"
    config.GroupVersion = &corev1.SchemeGroupVersion

    // 配置数据的编解码器
    config.NegotiatedSerializer = scheme.Codecs
```

```go
// 实例化 RESTClient 对象
restClient, err := rest.RESTClientFor(config)
if err != nil {
    panic(err.Error())
}

// 预设返回值存放对象
result := &corev1.PodList{}

// Get 方法设置 HTTP 请求方法；Namespace 方法设置操作的命名空间
// Resource 方法设置操作的资源类型；VersionedParams 方法设置请求的查询参数
// Do 方法发起请求并用 Into 方法将 APIServer 返回的结果写入 Result 变量中
err = restClient.Get().
    Namespace("default").
    Resource("pods").
    VersionedParams(&metav1.ListOptions{Limit: 100}, scheme.ParameterCodec).
    Do(context.TODO()).
    Into(result)

if err != nil {
    panic(err)
}

// 打印 Pod 信息
for _, d := range result.Items {
    fmt.Printf(
        "NAMESPACE:%v \t NAME: %v \t STATUS: %v\n",
        d.Namespace,
        d.Name,
        d.Status.Phase,
    )
}
}
```

运行以上代码，会获得命名空间 Default 下的所有 Pod 资源的相关信息，部分信息打印输出见代码清单 2-11。

代码清单 2-11

```
# 运行输出
NAMESPACE:default         NAME: nginx-deployment-6b474476c4-lpld7
  STATUS: Running
NAMESPACE:default         NAME: nginx-deployment-6b474476c4-t6xl4
```

```
STATUS: Running
```

RESTClient 实际上是对 Kubernetes APIServer 的 RESTful API 的访问进行了封装抽象，底层调用的是 Go 语言 Net/Http 库。

分析 RESTClient 发起请求的过程如下。

（1）Get 方法返回 Request 类型对象（见代码清单 2-12）。

代码清单 2-12

```
// Get begins a GET request. Short for c.Verb("GET").
func (c *RESTClient) Get() *Request {
    return c.Verb("GET")
}
```

（2）Request 结构体对象用于构建访问 APIServer 的请求，示例中依次调用的 Namespace、Resource、VersionedParams、Do 等方法都是 Request 结构体的方法，最终 Do 方法中 r.request 发起请求，r.transformResponse 将 APIServer 的返回值解析成 corev1.PodList 类型对象，即示例中的 Result 变量（见代码清单 2-13）。

代码清单 2-13

```
func (r *Request) Do(ctx context.Context) Result {
    var result Result
    err := r.request(ctx, func(req *http.Request, resp *http.Response) {
        result = r.transformResponse(resp, req)
    })
    //...
}
```

（3）r.request 方法首先检查是否设置 http client，如果没有，则使用 net/http 默认的 DefaultClient、r.URL.String 方法根据配置的请求参数生成请求的 RESTful URL，示例中生成的请求 URL 应该为 https://xxx/api/v1/namespaces/default/pods?limit=100。之后用 net/http 标准库构建 req 请求并发送该请求，最终 fn 函数变量对 APIServer 的返回值进行解析（见代码清单 2-14）。

代码清单 2-14

```
func (r *Request) request(ctx context.Context, fn func(*http.Request, *http.Response)) error {
```

```
//...

client := r.c.Client
if client == nil {
    client = http.DefaultClient
}

//...
for {

    url := r.URL().String()
    req, err := http.NewRequest(r.verb, url, r.body)

    //...
    resp, err := client.Do(req)

    //...
    done := func() bool {
        //...

        fn(req, resp)
        return true
    }()
    //...
}
}
```

总结：Kubernetes APIServer 有很多操作资源的接口，而 RESTClient 就是对访问这些 API 的封装。

2. ClientSet

虽然 RESTClient 可以访问 Kubernetes 的任意资源对象，但在使用时需要配置的参数过于烦琐，为了更为优雅地处理，需要进一步封装。ClientSet 继承自 RESTClient，使用预生成的 API 对象与 APIServer 进行交互，方便开发者二次开发。

ClientSet 是一组资源客户端的集合，比如操作 Pods、Services、Secrets 资源的 CoreV1Client，操作 Deployments、ReplicaSets、DaemonSets 资源的 ExtensionsV1beta1Client 等，如图 2-5 所示，直接通过这些客户端提供的操作方法即可对 Kubernetes 内置的原生资源进行 Create、Update、Get、List、Delete 等多种操作。

第 2 章 Operator 原理

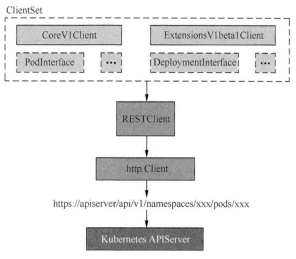

图 2-5 ClientSet 交互图

ClientSet 的使用方式在前面已有讲解，这里不再赘述。下面分析核心代码 clientset.CoreV1().Pods("").List(context.TODO(), metav1.ListOptions{}) 的执行流程。

ClientSet 包含众多资源客户端，CoreV1 方法负责返回 CoreV1Client（见代码清单 2-15）。

代码清单 2-15

```
type Clientset struct {
    *discovery.DiscoveryClient
    //...
    coreV1                    *corev1.CoreV1Client

    //...
}
//...

// CoreV1 retrieves the CoreV1Client
func (c *Clientset) CoreV1() corev1.CoreV1Interface {
    return c.coreV1
}
```

Pods 方法的参数用于设定 Namespace，内部调用 newPods 函数，该函数返回实现 PodInterface 的对象（见代码清单 2-16）。

代码清单 2-16

```
func (c *CoreV1Client) Pods(namespace string) PodInterface {
    return newPods(c, namespace)
}
```

可以看到 PodInterface 包含了操作 Pods 资源的全部方法，newPods 函数构造的 Pods 对象内部包含 RESTClient，在 Pods 对象的 List 方法中，我们看到了熟悉的 RESTClient 操作资源的调用流程（见代码清单 2-17）。

代码清单 2-17

```
type PodInterface interface {
    Create(ctx context.Context, pod *v1.Pod, opts metav1.CreateOptions) (*v1.Pod, error)
    Update(ctx context.Context, pod *v1.Pod, opts metav1.UpdateOptions) (*v1.Pod, error)
    UpdateStatus(ctx context.Context, pod *v1.Pod, opts metav1.UpdateOptions) (*v1.Pod, error)
    Delete(ctx context.Context, name string, opts metav1.DeleteOptions) error
    DeleteCollection(ctx context.Context, opts metav1.DeleteOptions, listOpts metav1.ListOptions) error
    Get(ctx context.Context, name string, opts metav1.GetOptions) (*v1.Pod, error)
    List(ctx context.Context, opts metav1.ListOptions) (*v1.PodList, error)
    //...
}

func newPods(c *CoreV1Client, namespace string) *pods {
    return &pods{
        client: c.RESTClient(),
        ns:     namespace,
    }
}

//...

func (c *pods) List(ctx context.Context, opts metav1.ListOptions) (result *v1.PodList, err error) {
    //...

    result = &v1.PodList{}
    err = c.client.Get().
        Namespace(c.ns).
```

```
            Resource("pods").
            VersionedParams(&opts, scheme.ParameterCodec).
            Timeout(timeout).
            Do(ctx).
            Into(result)
        return
}
```

3. DynamicClient

DynamicClient 是一种动态客户端，通过动态指定资源组、资源版本和资源等信息，它可以操作任意的 Kubernetes 资源，即不仅可以操作 Kubernetes 自身内置的资源，还可操作 CRD。这也是 DynamicClient 与之前介绍的 ClientSet 客户端最显著的一个区别。

ClientSet 与 DynamicClient 的区别如下。

ClientSet 默认只能操作 Kubernetes 内置的资源，不能直接操作 CRD，并且使用类型化客户端 ClientSet 时，程序也会与所使用的版本和类型紧密耦合。DynamicClient 使用嵌套的 map[string]-interface{} 结构存储 Kubernetes APIServer 的返回值，利用反射机制在运行时进行数据绑定，松耦合意味着更高的灵活性，但无法获取强数据类型检查和验证的好处。

在介绍 DynamicClient 之前，首先了解一下 Object.runtime 接口和 Unstructured 结构体，这有助于理解 DynamicClient 的实现。

（1）Object.runtime：Kubernetes 中所有的资源对象（例如，Pod、Deployment、CRD 等）都实现了 Object.runtime 接口，其包含 DeepCopyObject 和 GetObjectKind 方法，分别用于对象深拷贝和获取对象的具体资源类型（Kind）。

（2）Unstructured：Unstructured 结构体包含 map[string]interface{} 类型字段，在处理无法预知结构的数据时，将数据值存入 interface{} 中，待运行时利用反射判断。该结构体包含大量工具方法，方便处理非结构化数据。

DynamicClient 代码示例见代码清单 2-18。

代码清单 2-18

```
package main

import (
    "context"
```

```go
    "fmt"

    appsv1 "k8s.io/api/apps/v1"
    metav1 "k8s.io/apimachinery/pkg/apis/meta/v1"
    "k8s.io/apimachinery/pkg/runtime"
    "k8s.io/apimachinery/pkg/runtime/schema"
    "k8s.io/client-go/dynamic"
    "k8s.io/client-go/tools/clientcmd"
)
func main() {
    // 加载 kubeconfig 文件,生成 config 对象
    config, err := clientcmd.BuildConfigFromFlags("", "/root/.kube/config")
    if err != nil {
        panic(err)
    }

    // dynamic.NewForConfig 函数通过 config 实例化 dynamicClient 对象
    dynamicClient, err := dynamic.NewForConfig(config)
    if err != nil {
        panic(err)
    }

    // 通过 schema.GroupVersionResource 设置要请求对象的资源组、资源版本和资源
    // 设置命名空间和请求参数,得到 unstructured.UnstructuredList 指针类型的 PodList
    gvr := schema.GroupVersionResource{Group: "apps", Version: "v1", Resource: "deployments"}
    unstructObj, err := dynamicClient.Resource(gvr).Namespace("kube-system").List(
        context.TODO(), metav1.ListOptions{Limit: 10},
    )
    if err != nil {
        panic(err)
    }

    // 通过 runtime.DefaultUnstructuredConverter 函数将 unstructured.UnstructuredList
    // 转为 DeploymentList 类型
    deploymentList := &appsv1.DeploymentList{}
    err = runtime.DefaultUnstructuredConverter.FromUnstructured(
        unstructObj.UnstructuredContent(),
        deploymentList,
    )
    if err != nil {
        panic(err)
    }

    for _, v := range deploymentList.Items {
```

```
        fmt.Printf(
            "KIND: %v \t NAMESPACE: %v \t NAME:%v \n",
            v.Kind,
            v.Namespace,
            v.Name,
        )
    }
}
```

运行以上代码，会获得 Kube-System 域中部分 Deployment 的信息，打印输出见代码清单 2-19。

代码清单 2-19

```
# 运行输出
KIND: Deployment        NAMESPACE: kube-system      NAME:calico-kube-controllers
KIND: Deployment        NAMESPACE: kube-system      NAME:coredns
KIND: Deployment        NAMESPACE: kube-system      NAME:kube-state-metrics
KIND: Deployment        NAMESPACE: kube-system      NAME:metrics-server
KIND: Deployment        NAMESPACE: kube-system      NAME:nginx
...
```

DynamicClient 发起请求的过程如下（见代码清单 2-20）。

NewForConfig 获取 DynamicClient 对象，其中封装了 RESTClient 类型的客户端。

代码清单 2-20

```
func NewForConfig(inConfig *rest.Config) (Interface, error) {
    //...
    restClient, err := rest.RESTClientFor(config)

    //...
    return &dynamicClient{client: restClient}, nil
}
```

构造 GVR 对象并作为参数传递给 Resource 方法，Resource 方法会返回 dynamic ResourceClient，Namespace 和 List 都是 DynamicResourceClient 的方法（见代码清单 2-21）。

代码清单 2-21

```
func (c *dynamicClient) Resource(resource schema.GroupVersionResource)
  NamespaceableResourceInterface {
```

```
        return &dynamicResourceClient{client: c, resource: resource}
}
```

List 方法中首先获得 Kubernetes APIServer 返回的 Deployment 信息，此时数据是二进制格式的 JSON，利用 UnstructuredJSONScheme 解析器将 JSON 格式的数据写入 Unstructured/UnstructuredList 类型的对象中并返回，由于使用 runtime.Object 接口作为返回类型，因此，后续需要进行类型强制转换，即 uncastObj.(*unstructured.UnstructuredList) 或 uncastObj.(*unstruc- tured.Unstructured)（见代码清单 2-22）。

代码清单 2-22

```
func (c *dynamicResourceClient) List(ctx context.Context, opts metav1.
ListOptions) (*unstructured.UnstructuredList, error) {
        result := c.client.client.Get().AbsPath(c.makeURLSegments("")...).Speci-
ficallyVersionedParams(&opts, dynamicParameterCodec, versionV1).Do(ctx)
        //...

        uncastObj, err := runtime.Decode(unstructured.UnstructuredJSONScheme,
retBytes)
        //...

        if list, ok := uncastObj.(*unstructured.UnstructuredList); ok {
        //...

        list, err := uncastObj.(*unstructured.Unstructured).ToList()
        //...
}
```

此时已经获得 Unstructured/UnstructuredList 类型的 Deployment 信息，之后将其转化为标准的 Deployment/DeploymentList 结构即可，通过 DefaultUnstructuredConverter 结构体的 FromUnstructured 方法来实现，其利用反射机制将 unstructObj.Unstructured Content() 返回的 map[string]interface{} 类型对象转化为 DeploymentList 类型对象。

4. DiscoveryClient

RESTClient、DynamicClient、DiscoveryClient 都是面向资源对象的（例如，Deployment、Pod、CRD 等），而 DiscoveryClient 则聚焦资源，用于查看当前 Kubernetes 集群支持哪些资源组（Group）、资源版本（Version）、资源信息（Resource）。

DiscoveryClient 代码示例见代码清单 2-23。

代码清单 2-23

```go
package main

import (
    "fmt"

    "k8s.io/apimachinery/pkg/runtime/schema"
    "k8s.io/client-go/discovery"
    "k8s.io/client-go/tools/clientcmd"
)

func main() {
    // 加载 kubeconfig 文件，生成 config 对象
    config, err := clientcmd.BuildConfigFromFlags("", "/root/.kube/config")
    if err != nil {
        panic(err)
    }
    // 通过 config 实例化 DiscoveryClient 对象
    discoveryClient, err := discovery.NewDiscoveryClientForConfig(config)
    if err != nil {
        panic(err)
    }
    // 返回 Kubernetes APIServer 所支持的资源组、资源版本和资源信息
    _, APIResourceList, err := discoveryClient.ServerGroupsAndResources()
    if err != nil {
        panic(err)
    }
    // 输出所有资源信息
    for _, list := range APIResourceList {
        gv, err := schema.ParseGroupVersion(list.GroupVersion)
        if err != nil {
            panic(err)
        }
        for _, resource := range list.APIResources {
            fmt.Printf("NAME: %v, GROUP: %v, VERSION: %v \n", resource.Name, gv.Group, gv.Version)
        }
    }
}
```

运行以上代码会获得 Kubernetes APIServer 支持的 GVR 等相关信息，部分信息打印

输出见代码清单 2-24。

代码清单 2-24

```
# 运行输出
NAME: bindings, GROUP: , VERSION: v1
NAME: componentstatuses, GROUP: , VERSION: v1
NAME: configmaps, GROUP: , VERSION: v1
...
```

DiscoveryClient 发起请求的过程见代码清单 2-25。

NewDiscoveryClientForConfig 获取客户端对象，其中 DiscoveryClient 中封装了 RESTClient 类型的客户端，且赋值 LegacyPrefix 为 /api，该变量在之后请求 Kubernetes APIServer 时会被用到。

代码清单 2-25

```
func NewDiscoveryClientForConfig(c *restclient.Config) (*DiscoveryClient, error) {
    //...
    client, err := restclient.UnversionedRESTClientFor(&config)
    return &DiscoveryClient{restClient: client, LegacyPrefix: "/api"}, err
}
```

ServerGroupsAndResources 方法中会调用 ServerGroupsAndResources 函数，该函数主要关注 ServerGroups 方法和 fetchGroupVersionResources 函数（见代码清单 2-26）。

代码清单 2-26

```
func ServerGroupsAndResources(d DiscoveryInterface) ([]*metav1.APIGroup, []*metav1.APIResourceList, error) {
    sgs, err := d.ServerGroups()
    //...

    groupVersionResources, failedGroups := fetchGroupVersionResources(d, sgs)

    //...
}
```

ServerGroups 方法通过 RESTClient 来访问 Kubernetes APIServer 的 /api 接口（d.Legacy Prefix）和 /apis 接口，获得其所支持的 Group 和 Version 信息（见代码清单 2-27）。

代码清单 2-27

```go
func (d *DiscoveryClient) ServerGroups() (apiGroupList *metav1.APIGroupList,
err error) {
    // Get the groupVersions exposed at /api
    v := &metav1.APIVersions{}
    err = d.restClient.Get().AbsPath(d.LegacyPrefix).Do(context.TODO()).Into(v)

    //...

    // Get the groupVersions exposed at /apis
    apiGroupList = &metav1.APIGroupList{}
    err = d.restClient.Get().AbsPath("/apis").Do(context.TODO()).Into(apiGroupList)

    //...
}
```

fetchGroupVersionResources 函数调用 ServerResourcesForGroupVersion 方法，同样通过 RESTClient 获取特定 Group 和 Version 中所包含的所有 Resource（见代码清单 2-28）。

代码清单 2-28

```go
func (d *DiscoveryClient) ServerResourcesForGroupVersion(groupVersion string)
(resources *metav1.APIResourceList, err error) {
    //...
    if len(d.LegacyPrefix) > 0 && groupVersion == "v1" {
        url.Path = d.LegacyPrefix + "/" + groupVersion
    } else {
        url.Path = "/apis/" + groupVersion
    }
    resources = &metav1.APIResourceList{
        GroupVersion: groupVersion,
    }
    err = d.restClient.Get().AbsPath(url.String()).Do(context.TODO()).Into(resources)

    //...}
```

2.2.3 Client-go 架构

Client-go 主要用在 Kubernetes 控制器中，包括内置控制器（如 kube-controllermanager）和 CRD 控制器，Client-go 架构如图 2-6 所示。根据图 2-6 介绍 Client-go 中的几个组件。

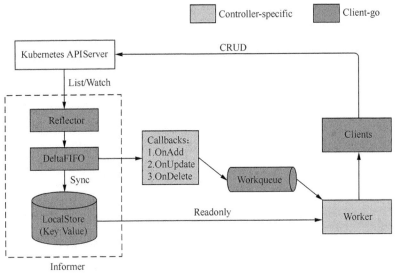

图 2-6　Client-go 架构

（1）Reflector：使用 List-Watch 的方法监控指定类型的资源对象，从 Kubernetes APIServer 中 List 该资源的所有实例，取得最新的 ResourceVersion，然后使用 Watch 方法监听该 resourceVersion 之后的所有变化，若过程中出现异常，Reflector 则会从断开的 ResourceVersion 处重现尝试监听所有变化，一旦该对象的实例有创建、删除、更新动作，Reflector 都会收到"事件通知"，并利用反射机制将监听的结果实例化成具体的对象。这时，该事件及它对应的实例对象的组合称为增量（Delta），之后会被存进 DeltaFIFO 中。

（2）DeltaFIFO：作为一个增量队列，将 Reflector 监控变化的对象形成一个 FIFO 队列，此处的 Delta 就是变化。

（3）LocalStore：Informer 会不断地从 DeltaFIFO 中读取增量，每出现一个对象，Informer 就会判断这个增量的事件类型，然后创建或更新本地缓存，也就是 LocalStore。例如，如果事件类型是 Added（添加对象），那么 Informer 会把这个增量中的对象保存到本地缓存中，并为它创建索引；若为删除操作，则在本地缓存中删除该对象。此外，LocalStore 还利用索引提供快速查找的能力，当使用者需要查询（Get/List）Kubernetes 对象时，可以直接请求 LocalStore，以此减轻 Kubernetes APIServer 的压力。

（4）Workqueue：DeltaFIFO 在同步完 LocalStore 后，会 Pop 这个事件到 Controller 中，Controller 会调用事先注册的 ResourceEventHandler 回调函数（如 OnAdd、OnUpdate、OnDelete）进行处理，这些回调函数只做一些简单的过滤工作，最后将变更对象放入 Workqueue 中，供 Worker 中的业务逻辑处理。

（5）Clients：Client-go 中的各类客户端，当 Worker 中业务逻辑要操作 Kubernetes 资源时，可以通过客户端实现。

2.2.4　Discovery 原理

在分析 Discovery 原理之前，首先介绍一下 Kubernetes 的资源模型，图 2-7 是获取所有 Deployements 资源的 RESTful API，URL 中各字段含义如下。

（1）apps 是 Group 资源组，包含一组资源操作的集合。

（2）v1 是 Version 资源版本，用于区分不同 API 的稳定程度及兼容性。

（3）Deployments 是 Resource 资源信息，用于区分不同的资源 API。

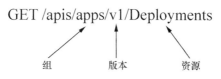

图 2-7　Deployments 资源 URL

由于历史原因，Kubernetes 中有两种资源组：有组名资源组和无组名资源组（也叫核心资源组，Core Groups）。上面介绍的就是有组名资源组，而 Pods、Services 等资源属于无组名资源组，图 2-8 是获取 Pods 资源的 RESTful API，其中未包含 Group 信息，但拥有 Version 和 Resource 信息。

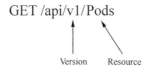

图 2-8　Pods 资源 URL

常用的 Kubectl 命令，当执行 kubectl api-versions 和 kubectl api-resources 命令时，返回的就是 GVR（Group，Version，Resource）信息（见代码清单 2-29）。

代码清单 2-29

```
$ kubectl api-versions
admissionregistration.k8s.io/v1
admissionregistration.k8s.io/v1beta1
apiextensions.k8s.io/v1
apiextensions.k8s.io/v1beta1
apiregistration.k8s.io/v1
apiregistration.k8s.io/v1beta1
apps/v1
...

$ kubectl api-resources
NAME                     SHORTNAMES      APIGROUP           NAMESPACED    KIND
bindings                                                    true          Binding
componentstatuses        cs                                 false
ComponentStatus
configmaps               cm                                 true
ConfigMap
endpoints                ep                                 true          Endpoints
events                   ev                                 true          Event
...
```

前面我们介绍的是标准的 DiscoveryClient，由于 GVR 信息变动很少，因此，可以将 Kubernetes APIServer 返回的 GVR 信息缓存在本地，以此减轻 Kubernetes APIServer 的压力，这里可以使用 Discover/Cached 目录下的两个客户端：CachedDiscoveryClient 和 memCacheClient，分别将 GVR 信息缓存到本地文件（~/.kube/cache 和 ~/.kube/http-cache）和内存中。

Kubectl 的 apiVersions 命令就是利用 CachedDiscoveryClient 来实现的，如 APIVersionsOptions 结构体中 discoveryClient 变量是 CachedDiscoveryInterface 类型，而 CachedDiscoveryClient 结构体实现了该接口，且在 APIVersionsOptions 的 Complete 方法中会将 CachedDiscoveryClient 客户端赋值到 discoveryClient 变量（见代码清单 2-30）。

代码清单 2-30

```
// APIVersionsOptions have the data required for API versions
type APIVersionsOptions struct {
        discoveryClient discovery.CachedDiscoveryInterface

        genericclioptions.IOStreams
}
```

CachedDiscoveryClient 获取 Group、Version 和 Resource 的流程与 DiscoveryClient 类似，只是在 ServerResourcesForGroupVersion 方法的实现上存在差异。

（1）CachedDiscoveryClient 首先通过 getCachedFile 方法查找本地缓存。

（2）如果信息不存在（未命中）或超时时才会通过 CachedDiscoveryClient 结构体成员 delegate 的 ServerResourcesForGroupVersion 方法访问 Kubernetes APIServer，此时相当于通过 DiscoveryClient 访问（见代码清代 2-31）。

代码清单 2-31

```
type CachedDiscoveryClient struct {
  delegate discovery.DiscoveryInterface
  //...
}
```

（3）最后通过 writeCachedFile 方法将 Kubernetes APIServer 返回的数据存储在本地硬盘。

具体代码分析见代码清单 2-32。

代码清单 2-32

```
func (d *CachedDiscoveryClient) ServerResourcesForGroupVersion(groupVersion string) (*metav1.APIResourceList, error) {
      // 查找本地缓存
   filename := filepath.Join(d.cacheDirectory, groupVersion, "serverresources.json")
      cachedBytes, err := d.getCachedFile(filename)

      //...
   // 利用 DiscoveryClient 中的 RESTClient 访问 Kubernetes APIServer
      liveResources, err := d.delegate.ServerResourcesForGroupVersion(groupVersion)

   //...
   // 将 Kubernetes APIServer 响应的数据缓存到本地硬盘
      if err := d.writeCachedFile(filename, liveResources); err != nil {
         //...
}
```

另一种实现方法 memCacheClient 与之类似，只是将数据缓存在 map[string]*cacheEntry 类型中。

2.2.5 List-Watch 原理

List-Watch 机制是 Kubernetes 的系统消息通知机制，该机制确保了消息的实时性、顺序性和可靠性。List-Watch 由两部分组成：List 和 Watch。List 负责调用资源的 List RESTful API，基于 HTTP 短链接实现；Watch 则调用资源的 Watch RESTful API，负责监听资源变更事件，基于 HTTP 长链接实现，也是本节重点分析的对象。

以 Deployment 资源为例，调用其 List 和 Watch 接口，结果见代码清单 2-33。

List 接口返回 Deployment 资源列表，比较简单。

代码清单 2-33

```
GET /apis/apps/v1/deployments
...
{
    "kind": "DeploymentList",
  "apiVersion": "apps/v1",
  "metadata": {...}
  "items": [
      {
      "metadata": {...},
      "spec": {...},
      "status": {...}
    },
    ...
  ]
}
```

Watch 接口返回事件（Event），这里采用 HTTP 长链接持续监听 Deployment 资源相关事件，每当有事件产生就返回一个 Event。返回值的类型有 ADDED、MODIFIED 等，表示增加、修改等操作，Object 包含变更后最新的资源信息。

这里 Watch 接口的实现利用了 HTTP/1.1 协议的分块传输编码（Chunked Transfer Encoding），当客户端调用 Watch 接口时，Kubernetes APIServer 在 Response Header 中设置 Transfer-Encoding 的值为 chunked（见代码清单 2-34），表示采用分块传输编码，客户端收到该信息后，便和服务端保持该链接，并等待下一个数据块，即资源的事件信息。

代码清单 2-34

```
GET /apis/apps/v1/watch/deployments?watch=yes
---
```

```
HTTP/1.1 200 OK
Content-Type: application/json
Transfer-Encoding: chunked
...
{
    "type": "MODIFIED",
  "object": {
    "kind": "Deployment",
    "apiVersion": "apps/v1",
    "metadata": {...},
    "spec": {...},
    "status": {...}
  }
}
```

> **维基百科**
>
> HTTP 分块传输编码允许服务器为动态生成的内容维持 HTTP 持久链接。通常，持久链接需要服务器在开始发送消息体前发送 Content-Length 消息头字段，但是对于动态生成的内容来说，在内容创建完之前是不可知的。使用分块传输编码将数据分解成一系列数据块，并以一个或多个块发送，这样服务器发送数据时不需要预先知道发送内容的总的大小。

List-Watch 功能对应到 Client-go 中，就由 Reflector 组件负责实现，其本质是将 Kubernetes 中的对象资源数据存储到本地并实时更新，拥有很高的可靠性、实时性和顺序性。Reflector 首先通过 List 获取 Kubernetes 中指定类型的资源对象，基于资源对象的 ResourceVersion 信息，使用 Watch 监听该类型资源事件，从而确保事件消息的实时性，并且资源对象 ResourceVersion 的递增特性确保了消息事件的顺序性。当 Watch 监听意外断开时，Reflector 会重新 List-Watch 资源，以确保可靠性，由于使用 Watch 长链接监听替换轮询 List 来获得最新资源状态，极大减轻了 Kubernetes APIServer 的访问压力，在确保消息事件实时性的同时也保证了性能。

下面分析 Reflector 的关键实现，首先通过 NewReflector 函数创建 Reflector 对象，通过 Run 方法启动监听并处理事件，而 Run 方法中最核心的就是 List-Watch 方法，其核心逻辑分为 List、定时同步、Watch 这 3 个部分。

（1）List：调用 List 方法获取资源数据，将其转化为资源对象列表，并最终同步到

DeltaFIFO 队列中。

（2）定时同步：利用定时器定时触发 Resync 机制，将 Indexer 中的资源对象同步到 DeltaFIFO 队列中。

（3）Watch：监听环境中资源的变化，并调用相应事件处理函数进行处理。

核心代码分析见代码清单 2-35。

代码清单 2-35

```
func (r *Reflector) ListAndWatch(stopCh <-chan struct{}) error {
  //...
  if err := func() error {
    //...

    go func() {
      //...
      // 如果 listerWatcher 支持，则尝试以块的形式收集列表
      // 如果 listerWatcher 不支持，则尝试第一个列表请求返回完整的响应
      pager := pager.New(pager.SimplePageFunc(func(opts metav1.ListOptions) (runtime.Object, error) {
        return r.listerWatcher.List(opts)
      }))

      //...
      // 返回完整列表
        list, err = pager.List(context.Background(), options)
    }()

    //...
    // 获取资源版本号
    resourceVersion = listMetaInterface.GetResourceVersion()

    // 将资源数据转换为资源对象列表
    items, err := meta.ExtractList(list)

    // 将资源信息存储到 DeltaFIFO 中
    if err := r.syncWith(items, resourceVersion); err != nil {
      return fmt.Errorf("unable to sync list result: %v", err)
    }
    //...
  }(); err != nil {
    return err
  }
```

```go
go func() {
    // 返回重新同步的定时通道，里面有计时器
    resyncCh, cleanup := r.resyncChan()
    //...
    for {
        //...
        if r.ShouldResync == nil || r.ShouldResync() {
            // Resync 机制会将 Indexer 本地存储的资源对象同步到 DeltaFIFO 中
            if err := r.store.Resync(); err != nil {
                //...
            }
        }
        // 重新启用定时器定时触发
        resyncCh, cleanup = r.resyncChan()
    }
}()

for {
    ...
    // 监听资源变化
    w, err := r.listerWatcher.Watch(options)
    // 处理监听到的各类事件，并调用预先注册的 Add、Delete、Update 函数进行处理
    if err := r.watchHandler(start, w, &resourceVersion, resyncerrc, stopCh);
    ...
}
```

其中，watchHandler 中设置了事件处理函数，从 ResultChan() 方法返回的 Channel 中获取事件，并根据事件类型（event.Type）将事件分发给对应的处理函数，这里处理函数的逻辑都是将事件同步到 DeltaFIFO 队列中，具体见代码清单 2-36。

代码清单 2-36

```go
func (r *Reflector) watchHandler(start time.Time, w watch.Interface, resourceVersion *string, errc chan error, stopCh <-chan struct{}) error {
    //...
    for {
        select {
        //...
        case event, ok := <-w.ResultChan():
            //...
            switch event.Type {
```

```go
    case watch.Added:
      err := r.store.Add(event.Object)
    case watch.Modified:
      err := r.store.Update(event.Object)
    case watch.Deleted:
      err := r.store.Delete(event.Object)
    }
    //...
    }
  }
  //...
}
```

2.2.6　Client-go Informer 解析

1. Client-go Informer 模块

Informer 可以对 Kubernetes APIServer 的资源执行 Watch 操作，类型可以是 Kubernetes 内置资源，也可以是 CRD。其中最核心的模块是 Reflector、DeltaFIFO、Indexer。接下来我们逐个进行分析。

首先分析 Reflector，Reflector 用于监控指定资源的 Kubernetes。当资源发生变化时，如发生了资源添加（Added）、资源更新（Updated）等事件，Reflector 会将其资源对象存放在本地缓存 DeltaFIFO 中。它的作用就是获取 APIServer 中对象数据并实时地更新到本地，使得本地数据和 ETCD 数据完全一样。它的数据结构见代码清单 2-37。

代码清单 2-37

```
type Reflector struct {
  name string  //这个Reflector 的名称，默认为文件：行数
  metrics *reflectorMetrics // 用于保存 Reflector 的一些监控指标
  expectedType reflect.Type // 期望放到 Store 中的类型名称
  store Store // 与 Watch 源同步的目标 Store
  listerWatcher ListerWatcher //ListerWatcher 接口，用于指定 List-Watch 方法
  period       time.Duration //Watch 周期
  resyncPeriod time.Duration // 重新同步周期
  ShouldResync func() bool
  // clock allows tests to manipulate time
  clock clock.Clock
```

```
lastSyncResourceVersion      string       //最后同步的资源的版本号
lastSyncResourceVersionMutex sync.RWMutex //lastSyncResourceVersion 的读写锁
}
```

通过 NewRefector 实例化 Reflector 对象，实例化过程中必须传入 ListerWatcher 数据接口对象，它拥有 List 和 Watch 方法，用于获取及监控资源列表，只要是实现了 List 和 Watch 方法的对象都可以成为 ListerWatcher，Reflector 对象通过 run 函数启动监控并处理事件，而在 Reflector 源码实现中最主要的是 List-Watch 函数，它负责 List/Watch 指定的 Kubernetes APIServer 资源，见代码清单 2-38。

代码清单 2-38

```
// NewNamedReflector same as NewReflector, but with a specified name for logging
func NewNamedReflector(name string, lw ListerWatcher, expectedType interface{},
store Store, resyncPeriod time.Duration) *Reflector {
    reflectorSuffix := atomic.AddInt64(&reflectorDisambiguator, 1)
    r := &Reflector{
        name: name,
        // we need this to be unique per process (some names are still the same)
but obvious who it belongs to
        metrics:        newReflectorMetrics(makeValidPrometheusMetricLabel(fmt.
Sprintf("reflector_"+name+"_%d", reflectorSuffix))),
        listerWatcher: lw,
        store:         store,
        expectedType:  reflect.TypeOf(expectedType),
        period:        time.Second,
        resyncPeriod:  resyncPeriod,
        clock:         &clock.RealClock{},
    }
    return r
}
```

List-Watch 是怎么实现的？List-Watch 主要分为 List 和 Watch 两部分。List 负责获取对应资源的全量列表，Watch 负责获取变化的部分。首先进行 List 操作，这里把 Resource Version 设置为 0，因为要获取同步的对象的全部版本，所以从 0 开始 List，主要流程如下（见代码清单 2-39）。

（1）r.listerWatcher.List 用于获取资源下的所有对象的数据。

（2）listMetaInterface.GetResourceVersion 用于获取资源版本号（ResouceVersion），资源版本号非常重要，Kubernetes 中所有的资源都拥有该字段，它标识当前资源对象的版本号。每次修改当前资源对象时，Kubernetes APIServer 都会更改 ResouceVersion，使得 Client-go 执行 Watch 操作时可以根据 ResourceVersion 来确定当前资源对象是否发生过变化。

（3）meta.ExtractList 用于将资源数据转换成资源对象列表，将 runtime.Object 转换成 []runtime.Object，因为 r.listerWatcher.List 只是获取一个列表。

（4）r.syncWith 用于将资源对象列表中的资源对象和资源版本号存储至 DeltaFIFO 中，并替换已存在的对象。

（5）r.setLastSyncResourceVersion 用于设置最新的资源版本号。

代码清单 2-39

```go
func (r *Reflector) ListAndWatch(stopCh <-chan struct{}) error {
    glog.V(3).Infof("Listing and watching %v from %s", r.expectedType, r.name)
    var resourceVersion string
    options := metav1.ListOptions{ResourceVersion: "0"}
    r.metrics.numberOfLists.Inc()
    start := r.clock.Now()
    list, err := r.listerWatcher.List(options)
    if err != nil {
        return fmt.Errorf("%s: Failed to list %v: %v", r.name, r.expectedType, err)
    }
    r.metrics.listDuration.Observe(time.Since(start).Seconds())
    listMetaInterface, err := meta.ListAccessor(list)
    if err != nil {
        return fmt.Errorf("%s: Unable to understand list result %#v: %v", r.name, list, err)
    }
    resourceVersion = listMetaInterface.GetResourceVersion()
    items, err := meta.ExtractList(list)
    if err != nil {
        return fmt.Errorf("%s: Unable to understand list result %#v (%v)", r.name, list, err)
    }
    r.metrics.numberOfItemsInList.Observe(float64(len(items)))
    if err := r.syncWith(items, resourceVersion); err != nil {
        return fmt.Errorf("%s: Unable to sync list result: %v", r.name, err)
    }
    r.setLastSyncResourceVersion(resourceVersion)

    resyncerrc := make(chan error, 1)
```

```go
        cancelCh := make(chan struct{})
        defer close(cancelCh)
        go func() {
            resyncCh, cleanup := r.resyncChan()
            defer func() {
                cleanup() // Call the last one written into cleanup
            }()
            for {
                select {
                case <-resyncCh:
                case <-stopCh:
                    return
                case <-cancelCh:
                    return
                }
                if r.ShouldResync == nil || r.ShouldResync() {
                    glog.V(4).Infof("%s: forcing resync", r.name)
                    if err := r.store.Resync(); err != nil {
                        resyncerrc <- err
                        return
                    }
                }
                cleanup()
                resyncCh, cleanup = r.resyncChan()
            }
        }()

        for {
            // give the stopCh a chance to stop the loop, even in case of continue statements further down on errors
            select {
            case <-stopCh:
                return nil
            default:
            }

            timeoutSeconds := int64(minWatchTimeout.Seconds() * (rand.Float64() + 1.0))
            options = metav1.ListOptions{
                ResourceVersion: resourceVersion,
                TimeoutSeconds: &timeoutSeconds,
            }

            r.metrics.numberOfWatches.Inc()
            w, err := r.listerWatcher.Watch(options)
```

```
            if err != nil {
                switch err {
                case io.EOF:
                    // watch closed normally
                case io.ErrUnexpectedEOF:
                    glog.V(1).Infof("%s: Watch for %v closed with unexpected EOF: %v", r.name, r.expectedType, err)
                default:
                    utilruntime.HandleError(fmt.Errorf("%s: Failed to watch %v: %v", r.name, r.expectedType, err))
                }
                if urlError, ok := err.(*url.Error); ok {
                    if opError, ok := urlError.Err.(*net.OpError); ok {
                        if errno, ok := opError.Err.(syscall.Errno); ok && errno == syscall.ECONNREFUSED {
                            time.Sleep(time.Second)
                            continue
                        }
                    }
                }
                return nil
            }
        }
        if err := r.watchHandler(w, &resourceVersion, resyncerrc, stopCh); err != nil {
            if err != errorStopRequested {
                glog.Warningf("%s: watch of %v ended with: %v", r.name, r.expectedType, err)
            }
            return nil
        }
    }
}
```

Watch 操作通过 HTTP 与 Kubernetes APIServer 建立长链接，接收 Kubernetes APIServer 发来的变更时间，Watch 操作的实现机制使用的是 HTTP 的分块传输编码。当 Client-go 调用 Kubernetes APIServer 时，在 Response 的 HTTP Header 中设置 Transfer-Encoding 的值为 Chunked。r.listerWatcher.Watch 实际调用了 Pod Informer 的 watchfunc 函数。通过 ClientSet 客户端与 APIServer 建立长链接，监控指定资源的变更事件。r.watchHandler 用于处理资源的变更时间，当初发增删改 Added Updated 等事件时，将对应的资源对象更新到本地缓存 DeltaFIFO 中，并更新 ResouceVersion。至此实

现了 Reflctor 组件的功能。

2. Client-go DeltaFIFO

DeltaFIFO 是一个 FIFO 队列，记录了资源对象的变化过程。作为一个 FIFO 队列，它的生产者就是 Reflector 组件，前面讲过 Reflector 将监听对象同步到 DeltaFIFO 中，DeltaFIFO 对这些资源对象做了什么，见代码清单 2-40。

代码清单 2-40

```
type DeltaFIFO struct {
    lock sync.RWMutex
    cond sync.Cond    // 条件变量，唤醒等待的协程

    items map[string]Deltas //Delta 存储桶
    queue []string    // 队列存储对象键实际就是和 items 一起形成了一个有序 Map

    // true 通过 Replace() 第一批元素被插入队列或者 Delete/Add/Update 首次被调用
    populated bool
    // Replace() 被首次调用时插入的元素数目
    initialPopulationCount int

    // 函数计算元素 Key 值
    keyFunc KeyFunc

// 列出已知的对象
    knownObjects KeyListerGetter
// 队列是否被关闭，关闭互斥锁
    closed     bool
    closedLock sync.Mutex
}
```

FIFO 接收 Reflector 的 Adds/Updates 添加和更新事件，并将它们按照顺序放入队列。元素在队列中被处理之前，如果有多个 Adds/Updates 事件发生，事件只会被处理一次。

使用场景：(1) 仅处理对象一次；(2) 处理完当前事件后才能处理最新版本的对象；(3) 删除对象之后不会处理；(4) 不能周期性重新处理对象。这里的 Delta 对象就是 Kubernetes 系统中对象的变化。Delta 有 Type 和 Object 两个属性，DeltaType 就是资源变化的类型，比如 Add、Update 等，Delta Object 就是具体的 Kubernetes 资源对象，见代码清单 2-41。例如，此时 Reflector 中监听了一个 PodA 的 Add 事件，那么此时 DeltaType 就是 Added，Delta Object 就是 PodA，DeltaFIFO 中的数据是什么样的

呢？此时 Items 中会有 Add 类型的 Delta，Queue 中也会有这个事件的 Key。这个 Key 由 KeyFunc 生成。Client-go 中默认的 KeyFunc 是 MetaNamespaceKeyFunc，可以在 tools/cache/store.go:76 中找到。由 MetaNamespaceKeyFunc 生成的 Key 格式为 /，用来标识不同命名空间下的不同资源。

代码清单 2-41

```
type Delta struct {
    Type    DeltaType                   // Delta 类型，比如增、减，后面有详细说明
    Object  interface{}                 // 对象，Delta 的粒度是一个对象
}
type DeltaType string                   // Delta 的类型用字符串表达
const (
    Added   DeltaType = "Added"         // 增加
    Updated DeltaType = "Updated"       // 更新
    Deleted DeltaType = "Deleted"       // 删除
    Sync DeltaType = "Sync"             // 同步
)
type Deltas []Delta                     // Delta 数组
```

既然 DeltaFIFO 是一个 FIFO，那么它就应该有基本的 FIFO 功能，这里 DeltaFIFO 实现了 Queue 接口。下面看一下 Queue 接口功能的定义。我们可以看出 Queue 扩展了 Store 接口的功能，附加了 Pop、AddIfNotPresent、HasSynced、Close 方法。Store 是一个通用的对象存储和处理的接口，本身提供了 Add、Update、List、Get 等方法，Queue 接口增加了 Pop 方法，实现了一个基本 FIFO 队列，具体见代码清单 2-42。

代码清单 2-42

```
type Queue interface {
    Store
    Pop(PopProcessFunc) (interface{}, error)
    AddIfNotPresent(interface{}) error
    HasSynced() bool
    Close()
}
```

下面我们来看一下 FIFO 队列的基本功能是怎么实现的。首先是 Add 方法，我们可以看到 Add 方法会先根据 KeyFunc 计算出对象的 Key，如果队列中没有这个对象，我们就在这个队列尾部增补对象的 Key，并且将这个对象存入 Map，具体见代码清单 2-43。

代码清单 2-43

```go
func (f *FIFO) Add(obj interface{}) error {
    id, err := f.keyFunc(obj)
    if err != nil {
        return KeyError{obj, err}
    }
    f.lock.Lock()
    defer f.lock.Unlock()
    f.populated = true
    if _, exists := f.items[id]; !exists {
        f.queue = append(f.queue, id)
    }
    f.items[id] = obj
    f.cond.Broadcast()
    return nil
}
```

接下来我们看一下 Pop 方法，在 Queue 中至少有一个资源时才会进行 Pop 操作。在处理资源之前，资源会从队列（和存储）中移除，如果未成功处理资源，应该用 AddIfNotPresent() 函数将资源添加回队列。处理逻辑由 PopProcessFunc 进行执行，具体见代码清单 2-44。

代码清单 2-44

```go
func (f *DeltaFIFO) Pop(process PopProcessFunc) (interface{}, error) {
    f.lock.Lock()
    defer f.lock.Unlock()
    for {
        for len(f.queue) == 0 {
            // When the queue is empty, invocation of Pop() is blocked until new item is enqueued.
            // When Close() is called, the f.closed is set and the condition is broadcasted.
            // Which causes this loop to continue and return from the Pop().
            if f.IsClosed() {
                return nil, FIFOClosedError
            }

            f.cond.Wait()
        }
        id := f.queue[0]
```

```go
            f.queue = f.queue[1:]
            item, ok := f.items[id]
            if f.initialPopulationCount > 0 {
                f.initialPopulationCount--
            }
            if !ok {
                // Item may have been deleted subsequently.
                continue
            }
            delete(f.items, id)
            err := process(item)
            if e, ok := err.(ErrRequeue); ok {
                f.addIfNotPresent(id, item)
                err = e.Err
            }
            // Don't need to copyDeltas here, because we're transferring
            // ownership to the caller.
            return item, err
    }
}

func (f *DeltaFIFO) KeyOf(obj interface{}) (string, error) {
    if d, ok := obj.(Deltas); ok {
        if len(d) == 0 {
            return "", KeyError{obj, ErrZeroLengthDeltasObject}
        }
        obj = d.Newest().Object
    }
    if d, ok := obj.(DeletedFinalStateUnknown); ok {
        return d.Key, nil
    }
    return f.keyFunc(obj)
}
```

值得注意的是，DeltaFIFO 中用于计算对象键的函数 KeyOf 为什么要先进行一次 Deltas 的类型转换呢？是因为 Pop 出去的对象很可能还要再添加进来（比如处理失败需要再放进来），此时添加的对象就是已经封装好的 Delta 对象了。至此，已实现 DeltaFIFO 的基本功能。

3. Client-go Indexer

资源对象从 DeltaFIFO 中 Pop 出去后又经过了哪些处理呢。这要从一开始的 sharedIndex

Informer 说起。注意，在 sharedIndexInformer 的 Run 方法中，初始化了它的配置，并执行了 s.controller.Run 方法。我们可以看到 s.controller.Run 中初始化了 Reflector，开始了指定资源的 List-Watch 操作，并且同步到了 DeltaFIFO 中，同时执行了 processLoop 方法。此时我们可以看到 processLoop 方法不断从 DeltaFIFO 中将资源对象 Pop 出来，并且交给了之前的 c.config.Process 方法进行处理。而 c.config.Process 方法就是 sharedIndexInformer 的 HandleDeltas 方法，具体见代码清单 2-45。

代码清单 2-45

```go
func (s *sharedIndexInformer) Run(stopCh <-chan struct{}) {
    ...
    cfg := &Config{
        Queue:             fifo,
        ListerWatcher:     s.listerWatcher,
        ObjectType:        s.objectType,
        FullResyncPeriod:  s.resyncCheckPeriod,
        RetryOnError:      false,
        ShouldResync:      s.processor.shouldResync,

        Process:           s.HandleDeltas,
        WatchErrorHandler: s.watchErrorHandler,
    }

    func() {
        s.startedLock.Lock()
        defer s.startedLock.Unlock()

        s.controller = New(cfg)
        s.controller.(*controller).clock = s.clock
        s.started = true
    }()
    ...
    s.controller.Run(stopCh)
}

func (c *controller) Run(stopCh <-chan struct{}) {
    defer utilruntime.HandleCrash()
    go func() {
        <-stopCh
        c.config.Queue.Close()
    }()
    r := NewReflector(
```

```
            c.config.ListerWatcher,
            c.config.ObjectType,
            c.config.Queue,
            c.config.FullResyncPeriod,
        )
        r.ShouldResync = c.config.ShouldResync
        r.clock = c.clock

        c.reflectorMutex.Lock()
        c.reflector = r
        c.reflectorMutex.Unlock()
    ...
        wait.Until(c.processLoop, time.Second, stopCh)
    }

    func (c *controller) processLoop() {
        for {
            obj, err := c.config.Queue.Pop(PopProcessFunc(c.config.Process))
            if err != nil {
                if err == FIFOClosedError {
                    return
                }
                if c.config.RetryOnError {
                    // This is the safe way to re-enqueue.
                    c.config.Queue.AddIfNotPresent(obj)
                }
            }
        }
    }
```

综上可知，由 DeltaFIFO 中 Pop 出来的对象最后交给了 HandleDeltas 进行处理，而在 HandleDeltas 中，将资源对象同步到了 Indexer 中，至此我们引出了 Informer 模块中的第 3 个组件 Indexer。Indexer 是 Client-go 中实现的一个本地存储，它可以建立索引并存储 Resource 的对象。Reflector 通过 DeltaFIFO Queue 将资源对象存储到 Indexer 中。需要注意的是，Indexer 中的数据与 ETCD 中的数据是完全一致的，当 Client-go 需要数据时，无须每次都从 APIServer 中获取，从而减轻了请求过多造成的对 APIServer 的压力，具体见代码清单 2-46。

代码清单 2-46

```
func (s *sharedIndexInformer) HandleDeltas(obj interface{}) error {
```

```go
        s.blockDeltas.Lock()
        defer s.blockDeltas.Unlock()

        // from oldest to newest
        for _, d := range obj.(Deltas) {
            switch d.Type {
            case Sync, Replaced, Added, Updated:
                s.cacheMutationDetector.AddObject(d.Object)
                if old, exists, err := s.indexer.Get(d.Object); err == nil && exists {
                    if err := s.indexer.Update(d.Object); err != nil {
                        return err
                    }

                    isSync := false
                    switch {
                    case d.Type == Sync:
                        // Sync events are only propagated to listeners that requested resync
                        isSync = true
                    case d.Type == Replaced:
                        if accessor, err := meta.Accessor(d.Object); err == nil {
                            if oldAccessor, err := meta.Accessor(old); err == nil {
                                // Replaced events that didn't change resourceVersion are treated as resync events
                                // and only propagated to listeners that requested resync
                                isSync = accessor.GetResourceVersion() == oldAccessor.GetResourceVersion()
                            }
                        }
                    }
                    s.processor.distribute(updateNotification{oldObj: old, newObj: d.Object}, isSync)
                } else {
                    if err := s.indexer.Add(d.Object); err != nil {
                        return err
                    }
                    s.processor.distribute(addNotification{newObj: d.Object}, false)
                }
            case Deleted:
                if err := s.indexer.Delete(d.Object); err != nil {
```

```
                    return err
                }
                s.processor.distribute(deleteNotification{oldObj: d.Object}, false)
            }
        }
        return nil
}
```

Indexer 是如何实现存储并快速查找资源的呢？我们先看一下 Indexer 接口提供的功能。Cache 是 Indexer 的一种非常经典的实现，所有的对象缓存在内存中，而且从 Cache 这个类型的名称来看它属于包内私有类型，外部无法直接使用，只能通过专用的函数创建。这里的 Store、Indexer 使用了一个 threadSafeMap 来保证并发安全的存储。它拥有存储相关的增、删、改、查等方法。threadSafeMap 继承了 Store 接口，而 Indexer 扩展了 threadSafeMap，为 threadSafeMap 提供了索引操作。threadSafeMap 其实只能够存储和索引。存储即将 runtime.object 存储到 Items 的 Map 中；索引即为 Items 的 Map 建立三层索引：Indices Map 类型索引（如 namespace、nodeName 等）；Index Map 类型索引（如 namespace1、namespace2……）；runtime.object 类型索引，实现见代码清单 2-47。

代码清单 2-47

```
type Indexer interface {
    Store
    // indexName 索引类，obj 是对象，计算 obj 在 indexName 索引类中的索引键，通过索引键获取所有的对象
    // 基本就是获取符合 obj 特征的所有对象，所谓的特征就是对象在索引类中的索引键
    Index(indexName string, obj interface{}) ([]interface{}, error)
    // indexKey 是 indexName 索引类中的一个索引键，函数返回 indexKey 指定的所有对象键
    IndexKeys(indexName, indexedValue string) ([]string, error)
    // 获取 indexName 索引类中的所有索引键
    ListIndexFuncValues(indexName string) []string
    // 这个函数和 Index 类似，只是返回值不是对象键，而是所有对象
    ByIndex(indexName, indexedValue string) ([]interface{}, error)
    // 返回 Indexers
    GetIndexers() Indexers
    // 添加 Indexers，就是增加更多的索引分类
    AddIndexers(newIndexers Indexers) error
}
```

在 Kubernetes 中使用的比较多的索引函数是 MetaNamespaceIndexFunc()（代码位置：

client-go/tools/cache/index.go），Indexer 索引的实现是通过 index.ByIndex 来完成的，index.ByIndex 的实现见代码清单 2-48。这个函数返回了符合索引函数的值的对象列表。

代码清单 2-48

```go
func (c *threadSafeMap) ByIndex(indexName, indexKey string) ([]interface{}, error) {
    c.lock.RLock()
    defer c.lock.RUnlock()

    indexFunc := c.indexers[indexName]
    if indexFunc == nil {
        return nil, fmt.Errorf("Index with name %s does not exist", indexName)
    }

    index := c.indices[indexName]

    set := index[indexKey]
    list := make([]interface{}, 0, set.Len())
    for _, key := range set.List() {
        list = append(list, c.items[key])
    }

    return list, nil
}
```

上述方法接收两个参数：indexName（索引器的名称）和 indexedValue（需要索引的 Key）。首先根据索引器名称查找指定的索引器函数（c.indexers[indexName]）；然后根据索引器名称查找相应的缓存器函数（c.indices[indexName]）；最后根据索引 Key（indexedValue）从缓存中进行数据查询，并返回查询结果。

2.2.7　Transport 说明

本节简要介绍 Client-go 源码中 Transport 包的实现和底层原理。

1. Transport 功能说明

Transport 提供认证授权安全的传输控制协议（TCP，Transmission Control Protocol）连接，基于 SPDY 协议支持 HTTP 流（Stream）传输机制。Transport 包是通过自定义 Transport 对 http.Client 的定制化封装实现的，在 Client-go 源码中作为工具包为 RESTClient 封装 HTTP 客户端请求。在实际开发过程中，一般只需要调用 Client-go

中提供的 RESTClient、DiscoveryClient、ClientSet、DynamicClient 即可。

2. Transport 的内部实现

Transport 包主要是对 http.RoundTripper 的封装实现，为了更好地理解本节内容，首先介绍 http.RoundTripper 的概念和实现，然后介绍 Transport 是怎样封装 http.RoundTripper 的。最后简要介绍 Client-go 包中底层的 RESTClient 是如何使用 Transport 的。

（1）http.RoundTripper

http.RoundTripper 能够执行单个 HTTP 事务，获取给定请求的响应。实现 http.Round Tripper 接口的代码通常需要在多个 Goroutine 中并发执行，因此，必须确保实现代码的线程安全性。

http.RoundTripper 是在 Go 语言 HTTP 包中定义的接口，接口定义见代码清单 2-49。

代码清单 2-49

```
type RoundTripper interface {
    RoundTrip(*Request) (*Response, error)
}
```

从上述代码中可以看出，http.RoundTripper 接口很简单，只定义了一个名为 RoundTrip 的方法。RoundTrip() 方法用于执行一个独立的 HTTP 事务，接收传入的 *Request 请求值作为参数并返回对应的 *Response 响应值，以及一个 error 值。任何实现了 RoundTrip() 方法的类型都实现了 http.RoundTripper 接口。

代码清单 2-50 简单展示了 http.RoundTripper 接口的实现。

代码清单 2-50

```
type testTransport struct {
    agent             string
    originalTransport http.RoundTripper
}

func (c *testTransport) RoundTrip(r *http.Request) (*http.Response, error) {
    if len(r.Header.Get("User-Agent")) != 0 {
        return c.originalTransport.RoundTrip(r)
    }
    r = utilnet.CloneRequest(r)
    r.Header.Set("User-Agent", c.agent)
    resp, err := c.originalTransport.RoundTrip(r)
```

```
        if err != nil {
            return nil, err
        }
        return resp, nil
}
```

上述代码定义了一个 testTransport 结构体类型，通过实现该类型的 RoundTrip 方法实现了该类型的 http.RoundTripper 接口。该接口的功能是在 HTTP 的请求头中添加 User-Agent 参数。通过以上 http.RoundTripper 接口的简单实现，我们了解了 http.RoundTripper 接口是如何封装 HTTP 请求的。Transport 包中以同样的方式实现了多种封装类型。下面具体介绍 Transport 包中 http.RoundTripper 的封装。

（2）Transport 包中对 http.RoundTripper 的封装

Transport 包中定义了 New 函数，该函数通过传入的 Config 参数创建 http.RoundTripper，具体见代码清单 2-51。

代码清单 2-51

```
func New(config *Config) (http.RoundTripper, error) {
    // 设置 Transport 的安全级别
    if config.Transport != nil && (config.HasCA() || config.HasCertAuth() ||
config.HasCertCallback() || config.TLS.Insecure) {
        return nil, fmt.Errorf("using a custom transport with TLS certificate
options or the insecure flag is not allowed")
    }

    var (
        rt  http.RoundTripper
        err error
    )

    if config.Transport != nil {
       rt = config.Transport
    } else {
       rt, err = tlsCache.get(config)
       if err != nil {
          return nil, err
       }
    }

    return HTTPWrappersForConfig(config, rt)
}
```

在 New 函数中，首先通过 config 对象的方法获取认证信息，如果认证信息是非安全设置的，则返回 nil；如果配置中满足安全设置，则 New 函数会读取配置中的 Transport 信息；如果 Transport 为空，New 函数就从缓存中读取缓存的 Transport，如果缓存中没有 Transport，那么需要初始化一个默认的 Transport。最后调用 HTTPWrappersForConfig 函数，该函数将 Config 作为参数对 Transport 进行进一步的封装。

HTTPWrappersForConfig 函数见代码清单 2-52。

代码清单 2-52

```
func HTTPWrappersForConfig(config *Config, rt http.RoundTripper) (http.RoundTripper, error) {
    if config.WrapTransport != nil {
        rt = config.WrapTransport(rt)
    }

    rt = DebugWrappers(rt)

    // Set authentication wrappers
    switch {
    case config.HasBasicAuth() && config.HasTokenAuth():
        return nil, fmt.Errorf("username/password or bearer token may be set, but not both")
    case config.HasTokenAuth():
        var err error
        rt, err = NewBearerAuthWithRefreshRoundTripper(config.BearerToken, config.BearerTokenFile, rt)
        if err != nil {
            return nil, err
        }
    case config.HasBasicAuth():
        rt = NewBasicAuthRoundTripper(config.Username, config.Password, rt)
    }
    if len(config.UserAgent) > 0 {
        rt = NewUserAgentRoundTripper(config.UserAgent, rt)
    }
    if len(config.Impersonate.UserName) > 0 ||
        len(config.Impersonate.Groups) > 0 ||
        len(config.Impersonate.Extra) > 0 {
        rt = NewImpersonatingRoundTripper(config.Impersonate, rt)
    }
    return rt, nil
}
```

HTTPWrappersForConfig 函数可以根据不同配置的认证信息创建不同的 http.Round-Tripper。由以上代码可知该函数共创建了 4 种不同类型的 http.RoundTripper。

① NewBearerAuthWithRefreshRoundTripper 创建了 BearerAuthWithRefreshRoundTripper 类型对象，实现了 http.RoundTripper 接口，并将提供的 Bearer 令牌添加到请求中，如果 tokenFile 是非空的，则定期读取 tokenFile，最后一次成功读取的内容作为 Bearer 令牌；如果 tokenFile 是非空的，而 Bearer 是空的，tokenFile 会被立即读取，以填充初始的 Bearer 令牌。

② NewBasicAuthRoundTripper 创建了 basicAuthRoundTripper 类型对象，它将基本 auth 授权应用到请求中，通过用户名和密码授权实现 http.RoundTripper 接口。

③ NewUserAgentRoundTripper 创建了 userAgentRoundTripper 类型对象，它向请求添加 User-Agent 请求头，实现了 http.RoundTripper 接口。

④ NewImpersonatingRoundTripper 创建了 ImpersonatingRoundTripper 类型对象，向请求添加一个 Act-As 请求头，实现了 http.RoundTripper 接口。

以上 4 种不同类型的 http.RoundTripper 实现方式与 2.2.6 节的案例实现是同一种方式，这里不再赘述。除了以上 4 种不同类型的 http.RoundTripper 对 http.RoundTripper 接口的实现，Transport 中还包括 authProxyRoundTripper、debuggingRoundTripper 等其他类型，具体可在 /client-go/transport/round_trippers.go 文件中查看。

（3）Transport 的使用案例

Client-go 源码 Rest 包中通过 RESTClientFor 返回一个 RESTClient 对象，RESTClient 对 Kubernetes APIServer 的 RESTful API 的访问进行了封装抽象。RESTClientFor 的实现见代码清单 2-53。

代码清单 2-53

```go
func RESTClientFor(config *Config) (*RESTClient, error) {
    ...
    transport, err := TransportFor(config)
    if err != nil {
        return nil, err
    }

    var httpClient *http.Client
    if transport != http.DefaultTransport {
```

```go
            httpClient = &http.Client{Transport: transport}
            if config.Timeout > 0 {
                httpClient.Timeout = config.Timeout
            }
        }
        ...
        restClient, err := NewRESTClient(baseURL, versionedAPIPath, clientContent,
rateLimiter, httpClient)
        if err == nil && config.WarningHandler != nil {
            restClient.warningHandler = config.WarningHandler
        }
        return restClient, err
}
func TransportFor(config *Config) (http.RoundTripper, error) {
    cfg, err := config.TransportConfig()
    if err != nil {
        return nil, err
    }
    return transport.New(cfg)
}
```

以上代码是通过函数 RESTClientFor 传入客户端配置参数 Config 来创建 RESTClient 的，函数通过调用 TransportFor 函数创建了一个 Transport，在上述代码的最后一行，可以看出该函数是通过调用 Transport 包中的 New 函数创建了 http.RoundTripper。TransportFor 函数通过将客户端 Config 配置转化为 Transport 包中的 Config 类型并调用 New 函数创建 http.Transport。通过 New 函数实现了底层 HTTP 不同请求的封装，实现了 HTTP 客户端的安全连接。

2.2.8　Controller 关于 Client-go 典型场景

我们了解了 Client-go 的各个组件（Reflector、Informer、Indexer），Client-go 中包含编写自定义 Controller 所使用的各种机制，这些机制在 Client-go 库中的 Tools 包和 Util 包中进行了定义。在 k8s 中，可以利用 Client-go 中提供的 Controller 机制对所需资源的变化进行监控，根据资源状态的变化进行一系列操作。为加深对前面知识的理解，下面利用 Client-go 工具实现一个简单的 Controller。

下面编写一个简易的 Controller，用于监听 Pod 创建、删除信息，并将信息打印出来。Controller 逻辑如下。

（1）首先我们需要定义一个 Controller 结构体，见代码清单 2-54

代码清单 2-54

```go
type Controller struct {
    indexer  cache.Indexer  // Indexer 的引用
    queue    workqueue.RateLimitingInterface  //Workqueue 的引用
    informer cache.Controller // Informer 的引用
}
```

（2）初始化一个 Controller，见代码清单 2-55

代码清单 2-55

```go
// 将 Workqueue、Informer、Indexer 的引用作为参数返回一个新的 Controller
func NewController(queue workqueue.RateLimitingInterface, indexer cache.Indexer, informer cache.Controller) *Controller {
        return &Controller{
            informer: informer,
            indexer:  indexer,
            queue:    queue,
        }
}
```

（3）定义 Controller 的工作流，见代码清单 2-56

代码清单 2-56

```go
func (c *Controller) Run(threadiness int, stopCh chan struct{}) {
    defer runtime.HandleCrash()
    defer c.queue.ShutDown()
    klog.Info("Starting pod controller")
    // 启动 Informer 线程，Run 函数做两件事情：第一，运行一个 Reflector，并从 ListerWatcher
    中获取对象的通知放到队列中（Delta Queue）；第二，从队列中取出对象并处理该对象相关业务
    go c.informer.Run(stopCh)
    // 等待缓存同步队列
    if !cache.WaitForCacheSync(stopCh, c.informer.HasSynced) {
        runtime.HandleError(fmt.Errorf("Time out waitng for caches to sync"))
        return
    }
    // 启动多个 Worker 线程处理 Workqueue 中的 Object
```

```go
    for i := 0; i < threadiness; i++ {
        go wait.Until(c.runWorker, time.Second, stopCh)
    }
    <-stopCh
    klog.Info("Stopping Pod controller")
}
```

（4）具体处理 Worker Queue 中对象的流程，见代码清单 2-57

代码清单 2-57

```go
func (c *Controller) runWorker() {
    // 启动无限循环，接收并处理消息
    for c.processNextItem() {
    }
}
// 从 Workqueue 中获取对象，并打印信息。
func (c *Controller) processNextItem() bool {
    key, shutdown := c.queue.Get()
    // 退出
    if shutdown {
        return false
    }
    // 标记此 Key 已经处理
    defer c.queue.Done(key)
    // 打印 Key 对应的 Object 的信息
    err := c.syncToStdout(key.(string))
    c.handleError(err, key)
    return true
}

// 获取 Key 对应的 Object，并打印相关信息
func (c *Controller) syncToStdout(key string) error {
    obj, exists, err := c.indexer.GetByKey(key)
    if err != nil {
        klog.Errorf("Fetching object with key %s from store failed with %v", key, err)
        return err
    }
    if !exists {
        fmt.Printf("Pod %s does not exist anymore\n", key)
    } else {
        fmt.Printf("Sync/Add/Update for Pod %s\n", obj.(*core_v1.Pod).GetName())
    }
```

```
        return nil
}
```

（5）Main 函数逻辑，见代码清单 2-58

代码清单 2-58

```go
func main() {
    var kubeconfig string
    var master string
    // 从外部获取集群信息 (kube.config)
    flag.StringVar(&kubeconfig, "kubeconfig", "", "kubeconfig file")
    // 获取集群 master 的 url
    flag.StringVar(&master, "master", "", "master url")
    // 读取构建 config
    config, err := clientcmd.BuildConfigFromFlags(master, kubeconfig)
    if err != nil {
        klog.Fatal(err)
    }
    // 创建 k8s Client
    clientset, err := kubernetes.NewForConfig(config)
    if err != nil {
        klog.Fatal(err)
    }
    // 从指定的客户端、资源、命名空间和字段选择器创建一个新的 List-Watch
    podListWatcher := cache.NewListWatchFromClient(clientset.CoreV1().RESTClient(), "pods", v1.NamespaceDefault, fields.Everything())
    // 构造一个具有速率限制排队功能的新的 Workqueue
    queue := workqueue.NewRateLimitingQueue(workqueue.DefaultControllerRateLimiter())
    // 创建 Indexer 和 Informer
    indexer, informer := cache.NewIndexerInformer(podListWatcher, &v1.Pod{}, 0, cache.ResourceEventHandlerFuncs{
        // 当有 Pod 创建时，根据 Delta Queue 弹出的 Object 生成对应的 Key，并加入 Workqueue 中。此处可以根据 Object 的一些属性进行过滤
        AddFunc: func(obj interface{}) {
            key, err := cache.MetaNamespaceKeyFunc(new)
            if err == nil {
                queue.Add(key)
            }
        },
        //Pod 删除操作
        DeleteFunc: func(obj interface{}) {
            // 在生成 Key 之前检查对象。因为资源删除后有可能会进行重建等操作，如果监听时错过了删除信息，会导致该条记录是陈旧的
            key, err := cache.DeletionHandlingMetaNamespaceKeyFunc(obj)
```

```
            if err == nil {
                queue.Add(key)
            }
        },
    }, cache.Indexers{})
    // 创建新的 Controller
    controller := NewController(queue, indexer, informer)

    stop := make(chan struct{})

    defer close(stop)
    // 启动 Controller
    go controller.Run(1, stop)

    select {}

}
```

至此一个简单的 Controller 就完成了，然后我们从已有的 k8s 环境中复制 Config 文件，将 Config 文件存放在 /root/.kube/ 目录下，配置运行代码，运行结果见代码清单 2-59。

代码清单 2-59

```
I0312 15:46:38.849495    25524 main.go:125] Starting Pod controller
Sync/Add/Update for Pod curl-666-6f68d49784-r2gln
Sync/Add/Update for Pod busybox
Pod default/mypod does not exist anymore
```

结果显示：程序启动了一个 Pod Controller，Controller 监听到在 Default 命名空间下有两个 Pod：busybox 和 curl-666-6f68d49784-r2gln，缓存中的 mypod 已经不存在了。

2.3 Kube-APIServer 介绍

Kube-APIServer 组件负责对外暴露资源的 API，也包括自定义资源。外部访问和操作 Kubernetes 资源会经过哪些流程呢？下面介绍 Kubernetes API 的访问控制。

2.3.1 Kubernetes API 访问控制

在 Kubernetes 集群中，Kube-APIServer 是控制面的一个组件，它对外暴露 Kubernetes

的 API，通常这个服务使用 6443 端口。集群控制面之外的组件要访问这个服务有两种情况。

（1）用户可以使用 Kubectl、客户端库或 REST 风格的请求去访问 Kube-APIServer。

（2）用户运行在集群中的服务使用 ServiceAccount 去访问 Kube-APIServer。

一个请求到达 API 要经过多个阶段，如图 2-9 所示。

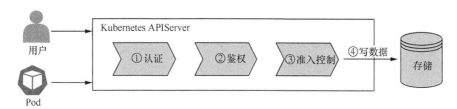

图 2-9　Kubernetes API 请求处理步骤

1. 认证

如图 2-9 中的步骤①，客户端（Kubectl 工具、REST 请求或集群中的 Pod 等）在集群内应用访问 Kube-APIServer 的 HTTP 请求首先会进入认证这步。我们在创建集群时可以配置一个或者多个认证模块。

认证模块的工作过程：请求会依次通过每个认证模块，只要有一个模块通过则进入下一步。如果所有的认证模块都没有通过，就会给客户端返回一个 401 的 HTTP 状态码。认证通过后会解析认证信息中对应的用户，这个用户会作为后续步骤决策的依据。

需要注意的是，虽然 Kubernetes 通过用户来对访问 Kube-APIServer 的请求进行访问控制决策和访问日志记录，但 Kubernetes 中没有用户这个对象，也没有在 API 中存储用户和用户相关的信息。

2. 鉴权

图 2-9 中的步骤②是根据上一步的用户对请求进行鉴权操作。鉴权过程是判断当前用户是否有权限去操作 HTTP 请求中的资源对象，判断的依据是存储在集群中的策略声明。

Kubernetes 中支持多种鉴权模块，比如 ABAC、RBAC 和 WebHook。鉴权模块是在创建集群时配置的，如果配置了多种鉴权模块，Kubernetes 会检查每个模块。如果有一个模块通过鉴权，那么该请求鉴权通过；如果所有的模块都拒绝了该请求，就会给客户端返回一个 403 的 HTTP 状态码。

3. 准入控制

请求经过认证和鉴权之后会被准入控制器拦截，如图 2-9 中的步骤③所示，准入控制器可以修改或拒绝请求。准入控制器只对创建、修改或删除对象的请求起作用，对只读请求不起作用。当配置了多个准入控制器时，会按照顺序进行调用。

与认证或鉴权模块不同的是，如果有任何一个准入控制器拒绝了请求，那么请求会立马被其他准入控制器拒绝。除了拒绝请求之外，准入控制器还可以为请求中的字段设置一些默认值。

一旦请求通过所有的准入控制器，就会使用相应的验证逻辑对 API 对象进行验证，之后会将对象写入存储中，即图 2-9 中的步骤④。

2.3.2 认证

1. 认证中使用的用户

Kubernetes 集群中有两种用户：一种是由 Kubernetes 管理的 ServiceAccount；另一种是普通用户。普通用户是由集群之外的服务管理的，比如存储在 Keystone 中的用户、存储在文件中的用户和存储在 ldap 中的用户等。所有的 API 请求中都绑定了一个 ServiceAccount 或普通用户，如果都未绑定，就是一个使用匿名用户的请求。

ServiceAccount 与它关联的请求中的用户是什么样的呢？ServiceAccoount 在 Kuberentes 中关联着一个 Secret，这个 Secret 中包括一个 JWT 格式的 Token，它会使用 Token 中的 Payload 中的 Sub 字段作为请求用户的名称。下面是对 Secret 中的 Token 解析的一个示例，请求所使用的用户名是 system:serviceaccount:default:default，见代码清单 2-60。

代码清单 2-60

```
{
  "iss": "kubernetes/serviceaccount",
  "kubernetes.io/serviceaccount/namespace": "default",
  "kubernetes.io/serviceaccount/secret.name": "default-token-bxzg6",
  "kubernetes.io/serviceaccount/service-account.name": "default",
  "kubernetes.io/serviceaccount/service-account.uid": "a96a30e3-3ee0-44cf-99b2-1ad4bdbc7632",
  "sub": "system:serviceaccount:default:default"
}
```

普通用户有多种方式携带认证信息去访问 APIServer。以客户端证书的方式为例，请求中如果携带了客户端证书，并且证书是由集群的 CA 证书（Certification Authority）签发的，那么这个请求的认证会通过，它会使用证书中的 Subject 字段作为用户的名称。代码清单 2-61 是一个证书的示例，示例中携带的用户名是 kcp（Subject: O=system:kcp, CN=kcp）。

代码清单 2-61

```
Certificate:
    Data:
        Version: 3 (0x2)
        Serial Number:
            08:e2:5b:3a:2c:8c:6c:06:80:f8:aa:1b:81:76:93:4f
    Signature Algorithm: sha256WithRSAEncryption
        Issuer: CN=kubernetes
        Validity
            Not Before: Mar  3 05:59:42 2021 GMT
            Not After : Jul 11 09:37:38 2030 GMT
        Subject: O=system:kcp, CN=kcp
......
```

2. 认证策略

（1）X509 客户端证书认证

客户端证书认证是双向认证，服务器端需要验证客户端证书的正确性，客户端需要验证服务器端证书的正确性。客户端证书认证方式可以通过 Kube-Apiserver 的 --client-ca-file 参数启用，它指向的文件用来验证提供给 API 服务器的客户端证书。当请求中携带的客户端证书通过了认证时，请求关联的用户名就是证书中的 Subject 字段的内容。我们可以使用代码清单 2-62 查看证书内容。

代码清单 2-62

```
openssl x509 -in <证书> -text -noout
```

（2）静态 Token 文件

静态 Token 文件认证方式可以通过 --token-auth-file 参数启用，在这个文件中存放着没有时间限制的 Bearer Token，如果想变更 Token，则必须要重启 APIServer。代码清单 2-63 是一个 Token 文件的示例，每一行包括 Token、用户名和用户 ID。

代码清单 2-63

JGaOWpJuyBL8NXmeA9V341JOCkHJbOTf,system:kubectl-kcpm1,system:kubectl-kcpm1

访问 APIServer 时在 HTTP 请求头上加入 Authorization 的请求头，值的格式是 Bearer <Token>，上面的 Token 见代码清单 2-64。

代码清单 2-64

curl -H "Authorization: Bearer JGaOWpJuyBL8NXmeA9V341JOCkHJbOTf" -k https://127.0.0.1:6443/

（3）引导 Token

我们在创建集群或是将新节点加入集群时，新节点上的组件要与 APIServer 进行通信（如 Kubelet），但通信需要证书，手动签发证书比较麻烦。为了简化这个过程，Kubernetes 1.4 之后的版本会通过新节点发送请求的方式为新节点签发证书。而发送请求获取证书的请求时使用的 Bearer Token 叫作 Bootstrap Token，这种 Token 在 Kube-System Namespace 下有一个对应的 Secret。Controller-Manager 中有一个 TokenCleaner 的 Controller，它会将那些已经过期的 Bootstrap Token 掉。

Token 的格式是 [a-z0-9]{6}.[a-z0-9]{16}，Token 的前半部分是 Token ID，通过前半部分能找到 UI 应的 Secret；第二部分是 Token Secret，保存在 Secret 中。以 Kubeadm 创建的 tokencwb0ly.cqdj5l0k2qa19evv 为例，在 Kube-System 的 Namespace 下会有一个名字为 bootstrap-token-cwb0ly 的 Secret，内容见代码清单 2-65。

代码清单 2-65

```
apiVersion: v1
data:
  auth-extra-groups: system:bootstrappers:kubeadm:default-node-token
  expiration: 2021-03-13T13:44:23+08:00
  token-id: cwb0ly
  token-secret: cqdj5l0k2qa19evv
  usage-bootstrap-authentication: true
  usage-bootstrap-signing: true
kind: Secret
metadata:
    manager: kubeadm
```

```
  operation: Update
  name: bootstrap-token-cwb0ly
  namespace: kube-system
```

使用该 Token 作为 Authorization 请求头访问 APIServer，请求认证通过后关联到的用户名的格式是 bootstrap-token-<token-id>，即 system:bootstrap:cwb0ly，请求示例见代码清单 2-66。

代码清单 2-66

```
curl -H "Authorization: Bearer cwb0ly.cqdj5l0k2qa19evv" -k https://127.0.0.1:6443/
```

要想使用引导 Token 认证，需要在 APIServer 启动的时候添加 --enable-bootstrap-token-auth 启动参数，如果想使用 Token Clear Controller，需要在 Controller-Manager 的启动参数中添加 --controllers=*, tokencleaner。

（4）ServiceAccount Token

ServiceAccount 认证是自动开启的认证方式，它使用签过名的 Bearer Token 去验证请求，这个认证模块包括两个可配置项。

① --service-account-key-file：包含签名 Token 的 PEM 格式的密钥文件，如果不指定这个参数，将使用 APIServer 的 TLS 私钥。

② --service-account-lookup：如果被设置为 True，从 API 请求中删除的 Token 将被收回。

ServiceAccount 由 APIServer 自动创建，Pod 在运行时通过 Admission Controller 关联 ServiceAccount。Bearer Toen 挂载到 Pod 的特定目录上，并允许集群内的进程与 APIServer 通信。可以使用 PodSpec 的 ServiceAccountName 字段将账户与 Pod 进行关联。

ServiceAccount 中包含一个 Secret，示例见代码清单 2-67。

代码清单 2-67

```
apiVersion: v1
kind: ServiceAccount
metadata:
  name: default
  namespace: default
  resourceVersion: "361"
secrets:
- name: default-token-h29t7
```

```
# Secret 中包含了 APIServer 公开的 CA 证书和一个 JWT 格式的 Token
    apiVersion: v1
data:
  ca.crt: <证书内容>
  namespace: ZGVmYXVsdA==
  token: <JWT Token>
kind: Secret
metadata:
  name: default-token-h29t7
  namespace: default
type: kubernetes.io/service-account-token
```

（5）OpenID Connect Tokens

OpenID Connect 是一套基于 OAuth2 协议的认证规范，由提供商实现，比如 Azure Active Directory、Salesforce 和 Google。这个认证模块的使用流程：用户先从认证服务器上获取一个 ID Token，这个 Token 是一个 JWT 格式的 Token，用户收到这个 Token 后访问 APIServer。

这个认证模块使用从 OAuth2 中获取的 id_token 进行认证，认证的过程如图 2-10 所示。

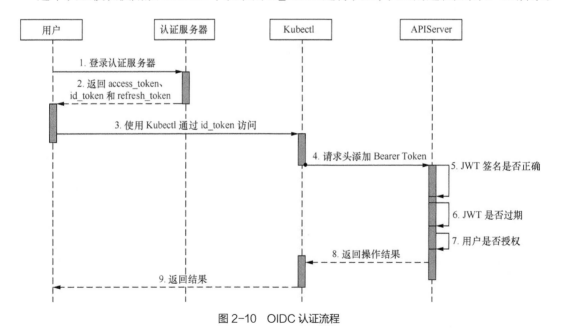

图 2-10　OIDC 认证流程

① 登录到用户身份认证服务提供商。

② 用户身份认证服务提供商返回 access_token、id_token 和 refresh_token。

③ 用户使用 Kubectl 工具时通过 --token 参数指定 id_token 或将它写入 kubeconfig 中。

④ Kubectl 将 id_token 作为认证信息放在请求头中调用 APIServer。

⑤ APIServer 将通过指定的证书检查 JWT 中的签名的正确性。

⑥ 检查 id_token 是不是已经过期了。

⑦ 确保用户请求的资源有操作权限。

⑧ 一旦鉴权通过，APIServer 将返回一个响应给 Kubectl。

⑨ Kubectl 工具箱用户提供反馈。

用来对用户身份进行认证的所有数据都在 id_token 中，在上述整个流程中 Kubernetes 不需要与身份认证服务交互。在一个都是无状态请求的模型中，这种工作方式为身份认证提供了一种更容易处理大规模请求的解决方案。

要使用 OIDC（OpenID Connect）认证模块，需要在 APIServer 中配置如下参数。

① --oidc-issuer-url：认证服务提供商的地址，允许 APIServer 发现公开的签名密钥服务的 URL。只接受 https:// 的 URL。此值通常设置为服务的发现 URL，不含路径。

② --oidc-client-id：发放 Token 的 Client ID。

③ --oidc-username-claim：使用 JWT 中的哪个字段作为用户名，默认的是 sub。

④ --oidc-username-prefix：为了防止不同认证系统的用户冲突，给用户名添加一个前缀，如果使用的用户名不是 email，那么用户名将是 <Issuer URL>#<Username Claim>。如果设置为 "-"，将不会使用前缀。

⑤ --oidc-groups-claim：使用 JWT 中的哪个字段作为用户的组名。

⑥ --oidc-groups-prefix：组名的前缀，所有的组都将以此值为前缀，以避免与其他身份认证策略发生冲突。

⑦ --oidc-required-claim：键值对描述 ID Token 中的必要声明，如果设置了这个值，则验证声明是否存在于 ID Token 中且具有匹配值，重复设置可以指定多个声明。

⑧ --oidc-ca-file：签署身份认证提供商的 CA 证书的路径，默认的是主机的根 CA 证书的路径。

OIDC 认证实现见代码清单 2-68。

代码清单 2-68

```
func (v *IDTokenVerifier) Verify(ctx context.Context, rawIDToken string)
(*IDToken, error) {
    jws, err := jose.ParseSigned(rawIDToken)
```

```go
        if err != nil {
            return nil, fmt.Errorf("oidc: malformed jwt: %v", err)
        }

        // 解析 JWT 的 Payload 部分，JWT 分为三段，以逗号作为分隔符，第二段是 Payload 部分，
        是 JSON 格式，使用 base64 进行编码
        payload, err := parseJWT(rawIDToken)
        if err != nil {
            return nil, fmt.Errorf("oidc: malformed jwt: %v", err)
        }
        var token idToken
        if err := json.Unmarshal(payload, &token); err != nil {
            return nil, fmt.Errorf("oidc: failed to unmarshal claims: %v",
    err)
        }

        distributedClaims := make(map[string]claimSource)

        for cn, src := range token.ClaimNames {
            if src == "" {
                return nil, fmt.Errorf("oidc: failed to obtain source from
    claim name")
            }
            s, ok := token.ClaimSources[src]
            if !ok {
                return nil, fmt.Errorf("oidc: source does not exist")
            }
            distributedClaims[cn] = s
        }

        t := &IDToken{
            Issuer:            token.Issuer,
            Subject:           token.Subject,
            Audience:          []string(token.Audience),
            Expiry:            time.Time(token.Expiry),
            IssuedAt:          time.Time(token.IssuedAt),
            Nonce:             token.Nonce,
            AccessTokenHash:   token.AtHash,
            claims:            payload,
            distributedClaims: distributedClaims,
        }

    ......
        // 检查 Token 是否过期
        if !v.config.SkipExpiryCheck {
```

```go
            now := time.Now
            if v.config.Now != nil {
                now = v.config.Now
            }
            nowTime := now()

            if t.Expiry.Before(nowTime) {
                return nil, fmt.Errorf("oidc: token is expired (Token
Expiry: %v)", t.Expiry)
            }

            if token.NotBefore != nil {
                nbfTime := time.Time(*token.NotBefore)
                leeway := 1 * time.Minute

                if nowTime.Add(leeway).Before(nbfTime) {
                    return nil, fmt.Errorf("oidc: current time %v before
the nbf (not before) time: %v", nowTime, nbfTime)
                }
            }
        }

        switch len(jws.Signatures) {
        case 0:
            return nil, fmt.Errorf("oidc: id token not signed")
        case 1:
        default:
            return nil, fmt.Errorf("oidc: multiple signatures on id token not
supported")
        }

        sig := jws.Signatures[0]
        supportedSigAlgs := v.config.SupportedSigningAlgs
        if len(supportedSigAlgs) == 0 {
            supportedSigAlgs = []string{RS256}
        }

        .......

        t.sigAlgorithm = sig.Header.Algorithm
    // 校验签名是否正确
        gotPayload, err := v.keySet.VerifySignature(ctx, rawIDToken)
        if err != nil {
            return nil, fmt.Errorf("failed to verify signature: %v", err)
        }
```

```
    if !bytes.Equal(gotPayload, payload) {
            return nil, errors.New("oidc: internal error, payload parsed did not match previous payload")
    }

    return t, nil
}
```

（6）WebHook Token 认证

WebHook 认证就是一种回调机制，用来验证 Bearer Token 的正确性，要使用这种认证方式需要配置如下参数。

① --authentication-token-webhook-config-file：这是一个配置文件，用于描述如何访问远程的 WebHook 服务。

② --authentication-token-webhook-cache-ttl：缓存认证时间，默认是 2 分钟。

③ --authentication-token-webhook-version：使用哪个版本发送和接收 WebHook 的消息，TokenReview 可以使用 authentication.k8s.io/v1beta1 或 authentication.k8s.io/v1，默认的是 authentication.k8s.io/v1beta1。

当客户端使用一个 Bearer Token 去访问 APIServer 时，WebHook 认证模块会使用 Token Review 对象的 JSON 格式向远端服务器发送请求，这个对象中包含了 Token。远端服务器为返回给 TokenReview 对象的 Status 字段填充内容，内容包含此次请求认证是否通过。

（7）认证代理

可以为 Kubernetes 设置一个认证代理，这个认证代理将信息放在请求头中发送给 APIServer，APIServer 从请求头中识别用户。启用认证代理需要设置以下几个参数。

① --requestheader-username-headers：用于指定用户名列表，不区分大小写，按照顺序检查用户身份。

② --requestheader-group-headers：用于指定组列表，不区分大小写，按照顺序检查用户组的名称。

③ --requestheader-extra-headers-prefix：指定额外的列表，不区分大小写。

④ --requestheader-client-ca-file：指定有效的客户端的证书，在检查请求头中的用户名之前，必须在指定的文件中提供有效的客户端证书并针对证书颁发机构进行验证。

为防止请求头攻击，在检查请求头之前，代理客户端要为 APIServer 提供有效的客户端证书进行校验。

（8）匿名认证

启用后，未被其他配置身份验证方模块拒绝的请求将被视为匿名请求，并被赋予用户名 system:anonymous 和组 system:unauthenticated。在配置了 Token 身份验证且启用了匿名访问的服务器上，提供无效 Bearer Token 的请求将收到 401 未经授权错误。而不提供 Bearer Token 的请求将被视为匿名请求。

在 Kubernetes 1.6 之后的版本，如果鉴权模式不是 AlwaysAllow，则匿名访问默认是启用的。

2.3.3 鉴权

在 Kubernetes 中，请求在到达鉴权步骤之前要经过认证。鉴权功能模块决定是接受还是拒绝请求。一个请求必须满足一些策略要求才能进入下一步，默认情况下请求是被禁止的。APIServer 支持多种授权机制，如果开启了多个功能，就按照顺序执行。如果执行过程中有任何一个鉴权模块拒绝或接受请求，那么会立即返回，并且不会与其他模块协商；如果所有的模块都对请求没有意见，那么请求会被拒绝。如果请求被拒绝，会返回一个 403 的状态码。

Kubernetes 提供了以下几种常见的鉴权方式。

（1）Node：一个专用的鉴权组件，为 Kubelet 发出的请求提供鉴权操作。

（2）ABAC：基于属性的访问控制（ABAC），定义了一种访问控制范例，通过使用组合属性的策略，将访问权限授予用户。这些策略可以使用任何类型的属性（用户属性、资源属性、对象、环境属性等）。

（3）RBAC：基于角色的访问控制（RBAC），是一种基于企业内各个用户的角色来调整访问计算机或网络资源的方法。在这种情况下，访问权限是指单个用户执行特定任务（如查看、创建或修改文件）的能力。

（4）WebHook：WebHook 是 HTTP 回调模式，它会向远程服务器发送 POST 请求进行鉴权。

在 APIServer 的启动参数中，可以配置要使用的鉴权模块，可以选择一个或多个，运行时按照顺序检查，越靠前的模块优先级越高。

（1）--authorization-mode=ABAC：基于属性的访问控制（ABAC）模式允许使用本地文件配置策略。

（2）--authorization-mode=RBAC：基于角色的访问控制（RBAC）模式允许使用

Kubernetes API 创建和存储策略。

（3）--authorization-mode=WebHook：WebHook 是一种 HTTP 回调模式，允许使用远程 REST 端点管理鉴权。

（4）--authorization-mode=Node：节点鉴权是一种特殊用途的鉴权模式，专门对 Kubelet 发出的 API 请求执行鉴权。

（5）--authorization-mode=AlwaysDeny：此标识阻止所有请求，仅将此标识用于测试。

（6）--authorization-mode=AlwaysAllow：此标识允许所有请求，仅在不需要 API 请求 的鉴权时才使用此标识。

1. RBAC 鉴权

RBAC 鉴权器是一种根据企业内各个用户的角色来调整访问计算机或网络资源的方法。用户可以通过 APIServer 使用 rbac.authorization.k8s.io API 组下的资源对象动态地配置规则。API 对象：RBAC 的 API 声明了 4 种对象，可以使用 Kubectl 像创建 Pod 一样创建规则。

（1）Role 和 ClusterRole

RBAC 中的 Role 和 ClusterRole 包含了一组权限规则，规则内容定义了允许用户进行的操作权限，用户可以设置多条规则，规则定义的内容取并集。Role 在一个特定的 Namespace 中设置规则，Role 属于某个特定的 Namespace。相反，ClusterRole 不是一个 Namespace 范围的资源。为什么会有 Role 和 ClusterRole，是因为 Kubernetes 的资源对象可能是 Namespace 范围内的也可能是非 Namespace 范围内的。

代码清单 2-69 是 Role 示例。

代码清单 2-69

```
apiVersion: rbac.authorization.k8s.io/v1
kind: Role
metadata:
  name: ns-admin
  namespace: myspace
rules:
- apiGroups:
  - [""]
  resources:
  - pods
```

```
- pods/log      # 对子资源的引用
verbs:
- ["get", "watch", "list"]
```

ClusterRole 是集群范围的，它可以是集群范围的资源、非资源端点或是跨 Namespace 访问的 Namespace 作用域的资源，代码清单 2-70 是 Coredns 的 ClusterRole 示例。

代码清单 2-70

```
apiVersion: rbac.authorization.k8s.io/v1
kind: ClusterRole
metadata:
  name: system:coredns
rules:
- apiGroups:
  - ""
  resources:
  - endpoints
  - services
  - pods
  - namespaces
  verbs:
  - list
  - watch
- apiGroups:
  - ""
  resources:
  - nodes
  verbs:
  - get
```

（2）RoleBinding 和 ClusterRoleBinding

RoleBinding 向用户或一组用户授予在角色中定义的权限。它包含主题列表（用户、组或服务账户），以及对所授予角色的引用。RoleBinding 授予特定 Namespace 内的权限，而 ClusterRoleBinding 授予在集群范围内访问的权限。

RoleBinding 可以引用同一 Namespace 中的任何 Role。或者，RoleBinding 可以引用 ClusterRole 并将该 ClusterRole 绑定到 RoleBinding 的 Namespace。如果要将 ClusterRole 绑定到集群中的所有 Namespace，要使用 ClusterRoleBinding。

代码清单 2-71 是一个 RoleBinding 的示例。

代码清单 2-71

```
apiVersion: rbac.authorization.k8s.io/v1
kind: RoleBinding
metadata:
  name: ns-admin-rolebinding
  namespace: myspace
roleRef:
  apiGroup: rbac.authorization.k8s.io
  kind: Role
  name: ns-admin
subjects:
- apiGroup: rbac.authorization.k8s.io
  kind: User
  name: kcp
```

要在集群范围内完成访问权限的鉴权，可以使用一个 ClusterRoleBinding（见代码清单 2-72）。

代码清单 2-72

```
apiVersion: rbac.authorization.k8s.io/v1
kind: ClusterRoleBinding
metadata:
  name: system:coredns
roleRef:
  apiGroup: rbac.authorization.k8s.io
  kind: ClusterRole
  name: system:coredns
subjects:
- kind: ServiceAccount
  name: coredns
  namespace: kube-system
```

2. Node 鉴权

Node 鉴权是一种专用授权模式，专门对 Kubelet 发出的 API 请求进行鉴权。Node 鉴权允许 Kubelet 对多种资源有操作权限，例如，Services、Endpoints、Nodes、Pods 等资源。使用 system:node 组对 Kubelet 组件进行权限控制，要使用 Node 鉴权，需要在 APIServer 启动参数中添加 --authorization-mode=Node,RBAC。

3. WebHook 模式

WebHook 鉴权基于 HTTP 的回调机制，这个模块在做决策时，APIServer 会向远端鉴权服务器发送一个 POST 请求，请求体是一个 SubjectAccessReview 对象，这个对象中包含了描述用户请求的资源，同时也包含了被访问资源或请求的具体信息。要启用 WebHook 鉴权，需要添加如下参数。

（1）--authorization-webhook-config-file=：这是一个 kubeconfig 格式的配置文件，user 字段引用的是 apiserver webhook，clusters 字段引用的是远端服务。

（2）--authorization-mode=Node，RBAC：启用 WebHook 鉴权。

2.3.4 准入控制

准入控制器是对象持久化之前插入的一段代码，在身份认证和鉴权步骤之后，拦截对 Kubernetes APIServer 的请求。它们以插件的形式运行在 APIServer 中，作用分别是变更用户提交的资源对象信息、校验用户提交的资源对象信息，或者两者都有。

准入控制过程分为两个阶段：第一阶段，运行 MutatingAdmission 控制器；第二阶段，运行 ValidatingAdmission 控制器。如果任一阶段的任何控制器拒绝了该请求，则整个请求将立即被拒绝，并且将错误返回给最终用户。

APIServer 支持同时开启多个准入控制器的功能，通过 --enable-admission-plugins 配置，如果开启了多个准入控制器，在运行时会按照顺序执行准入控制器。下面是几种常用的准入控制器。

（1）AlwaysPullImages：此准入控制器会将 Pod 的拉取镜像策略强制修改成 Always，保护多租户集群中用户镜像。

（2）PodNodeSelector：此准入控制器通过读取名称空间批注和全局配置来默认并限制在 Namespace 中可以使用哪些节点选择器。

（3）DefaultStorageClass：此准入控制器会为 PersistentVolumeClaim 对象添加默认的 Storage Class。

（4）ExtendedResourceToleration：集群中如果有特殊硬件节点，为了避免不让不使用这些特殊硬件的 Pod 运行在这些节点上，一般会给节点打污点。Pod 要想运行在这个节点上必须容忍污点，这个控制器会自动为 Pod 配置容忍污点。

（5）EventRateLimit：此准入控制器限制 Event 请求的速度，缓解了 APIServer 的压力。

（6）ImagePolicyWebhook：通过 WebHook 决定 Image 策略，需要同时配置 --admission-control-config-file。

（7）LimitPodHardAntiAffinityTopology：此准入控制器在 Pod 亲和性和反亲和性中限制 Pod 的 TopologyKey 只能是 kubernetes.io/hostname，否则拒绝。

（8）LimitRanger：此准入控制器会为 Pod 设置默认资源请求和限制，要提前创建 LimitRange 对象。

（9）MutatingAdmissionWebhook：此准入控制器会向 WebHook 服务器发送请求，用于变更用户提交的资源对象信息。

（10）NamespaceAutoProvision：此准入控制器检查 Namespace 范围内资源的请求，如果不存在 Namespace，则需要创建。

（11）NamespaceExists：此准入控制器检查 Namespace 范围内资源的请求，如果不存在 Namespace，那么拒绝请求。

（12）NamespaceLifecycle：此准入控制器会禁止在一个正在被停止的 Namespace 中创建对象，并拒绝使用不存在的 Namespace 的请求，它还会禁止删除 Default、Kube-system 和 Kube-public 这 3 个 Namespace。

（13）NodeRestriction：此准入控制器会限制 Kubelet 只可以修改 Node 和 Pod 对象。

（14）OwnerReferencesPermissionEnforcement：此准入控制器保护对对象的 metadata.ownerReferences 的访问，只有对该对象具有"删除"权限的用户才能更改它。

（15）PersistentVolumeClaimResize：此准入控制器会禁止修改 PersistentVolumeClaim 的大小，除非在 StorageClass 中设置了 allowVolumeExpansion 为 True。

（16）PodSecurityPolicy：此准入控制器在 Pod 创建和修改时起作用，并根据请求的安全上下文和可用的 Pod 安全策略确定是否拒绝 Pod。

（17）ResourceQuota：此准入控制器将观察传入的请求，并确保它不违反 Namespace 中 ResourceQuota 对象中枚举的任何约束。如果在 Kubernetes 部署中使用 ResourceQuota 对象，则必须使用此准入控制器来实施配额约束。

（18）ServiceAccount：此准入控制器实现 ServiceAccounts 的自动化。

（19）StorageObjectInUseProtection：此准入控制器会保护正在使用的 PV 和 PVC 不被删除。

（20）TaintNodesByCondition：此准入控制器将新创建的 Node 标记为 NotReady 和

NoSche dule。

（21）ValidatingAdmissionWebhook：此准入控制器使用 WebHook 验证请求和用户提交资源的信息。

2.3.5　Kube-APIServer 架构

通常，Kubernetes API 中的每种资源都需要处理 REST 请求和管理对象的存储。核心的 Kubernetes API 服务处理内建的资源，如 Pod 或 Service。如果想为集群添加自定义资源对象，有以下两种方法可以实现。

（1）CRD 是最简单的方式，创建自定义资源对象的时候不需要编程。通常情况下，会将这个自定义资源与一个自定义资源的 Controller 结合使用，这就对外提供了一个真正的声明式 API。Controller 会同步自定义资源的当前状态和期望状态。

（2）Aggregation 可以让用户通过开发和部署单独的 APIServer 来实现自定义资源对象，核心的 Kube-APIServer 会将请求转发到 APIServer 处理，所有客户端都可以连接。

Kube-APIServer 提供了 3 种服务，分别是 APIExtensionsServer、KubeAPIServer 和 AggregatorServer，它们为上述的应用场景提供不同的资源。

（1）APIExtensionsServer：用户可以通过 CRD 的方式扩展 Kubernetes 的服务，APIExtensions Server 处理 CRD 和 CR 的 REST 请求，如果创建未经定义的 CR，则会返回 404 的状态码。

（2）KubeAPIServer：这个服务是 Kubernetes 的核心服务，负责处理内置资源，如 Pod、Deployment 和 Service 等。

（3）AggregatorServer：用户可以通过 Aggregation 方式扩展 Kubernetes 的服务，Aggregator Server 负责将用户的请求转发给单独部署的各个 APIServer。

2.4　本章小结

本章介绍了 Operator 的原理：CRD 和 Controller。CRD 为我们提供了一种在 Kubernetes 中扩展自定义资源的方式。Controller 用于监控自定义资源，当资源更新后，Controller 会收到消息，执行具体的逻辑，将资源的实际状态调整到资源更新之后的期望状态。

本章还介绍了 Client-go：Client-go 库中包含了实现 Controller 的所有机制；Kube-APIServer：所有资源的操作请求都要通过 APIServer，要经过认证、鉴权和准入控制步骤进行处理。

如何快速实现自己的 Controller？用户可以使用 Kubebuilder 构建 API、Controllers 和 Admission WebHooks，实现对 Kubernetes 的扩展。第 3 章将介绍 Kubebuilder。

第 3 章

Chapter 3

Kubebuilder 原理

3.1 Kubebuilder 介绍与架构

3.1.1 什么是 Kubebuilder

通过前面章节的介绍，我们了解到 Kubebuilder 是一个用 Go 语言构建 Kubernetes APIs 的框架，通过使用 Kubebuilder，用户可以遵循一套简单的编程框架，使用 CRD 构建 API、Controllers 和 Admission WebHooks，实现对 k8s 的扩展。

Kubebuilder 中的主要组件包含 Manager、Cache、Client 与 Finalizers。其中，Manager 组件主要实现管理外层，负责初始化 Controller、Cache、Client 的工作；Cache 组件负责生成 SharedInformer，Watch 关注的 GVK 下的 GVR 的变化（增、删、改），以触发 Controller 的 Reconcile 逻辑；Client 组件在工作中实现对资源进行 CURD 操作，CURD 操作封装到 Client 中进行，其中的写操作（增、删、改）直接访问 APIServer，读操作（查）对接的是本地的 Cache；Finalizers 组件主要用于处理 Kubernetes 资源的预删除逻辑，保障资源被删除后能够从 Cache 中读取到，清理相关的其他资源。

3.1.2 Kubebuilder 架构

Kubebuilder 这种"脚手架"工具，将 Kubernetes 的可扩展能力 CRD 进行了简化封装，那么它是如何实现的呢？下面来介绍 Kubebuilder 的架构及实现原理。Kubebuilder 架构如图 3-1 所示。

通过图 3-1，Kubebuilder 总体上将它涉及的资源所属位置划分为四大块：User Defined、API Scaffolds、Controller Runtime、Kubernetes 集群。

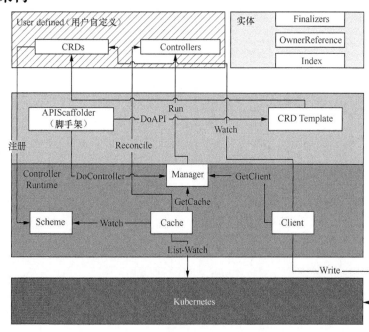

图 3-1 Kubebuilder 架构

Kubebuilder Scaffolds 是实现这个脚手架最核心的逻辑,它借助 APIScaffolder 对象模块,实现了 CRD 的 Template 和 Controller 的核心代码块。

CRD 的定义和 Controller 两个最核心的内容构建完成后,User defined 的模块开始发挥作用,主要是用户根据实际场景,设计 CRD 的结构定义,当然这里的 CRD 的数量可以有多个;另外,用户需要实现 Reconcile 的逻辑,Reconcile 有什么用?为什么要实现它?这是我们即将介绍的 Controller Runtime 模块的重点工作。这里,首先了解 Reconcile 的含义,用户自定义了 CRD 结构,而在 Kubernetes 集群中,想要实现这样的 CRD 结构定义,Reconcile 需要协调逻辑。举例来说,假设用户定义了 MysqlCluster{Name: demo, Num: 3} 这样的结构体,而希望在系统中创建 MySQL 的集群,而构造 MySQL 集群的构造过程,就是 Reconcile 过程做的工作。

用户自定义的部分能工作的前提是要有一个 Kubernetes 集群,即架构中最下面的部分,它负责安装 CRD 及运行 Controller。而如何运行 Controller 及其核心逻辑?通过 Controller Runtime 库可以实现。

在 Controller Runtime 模块中,Kubebuilder 构建出来的 CRD 会注册到 Scheme 模块,它提供了 Kinds 与对应的 Go Type 的映射,即给定了 Go Type,就能够知道它的 GKV(Group Kind Verision),这也是 Kubernetes 所有资源的注册模式。举例来说,我们给定了一个 Scheme,"demo1.example.org/v1".Demo{},这个 Go Type 映射到 demo1.example.org/v1 的 Demo GVK,从 Kubernetes 的 APIServer 获取的部分 JSON 内容见代码清单 3-1。

代码清单 3-1

```
{
    "apiVersion": "demo1.example.org/v1",
    "kind": "Demo",
    "metadata": {
        ...
    }
}
```

通过这个 Go Type,能够正确地获取 GVR 的信息,从而提供给 Controller,获取期望的状态,即协调的逻辑。而在 Controller Runtime 中 Controller 最依赖的除了 Scheme 之外,还包括 Manager 的初始化、安装和启动工作。Manager 的初始化依赖 Controller Runtime 库初始化 Manager 对象,包括 Client、Cache 等模块的生成工作。然后 Client 就可以实现对 CRD 的"增、删、改、查",即创建、删除、更新、查询等过程,而查询的逻辑是通过本地的 Cache 模块实现的。这里的 Cache 负责监听 CRD 的变化,它是通过监听 Scheme,从而收集所有与 Controller 有关的 GVR 资源,并创建对应的监听器,从而实现当监听到 Kubernetes 集群中的 CRD 发生变化触发 Controller 的协调进程 Reconcile 工作。

除此之外,Kuberbuilder 工具生成的内容还包括 Finalizer,它用于处理 Kubernetes 资源的预删除逻辑,保障资源被删除后能够从 Cache 中读取到,清理相关的其他资源;OwnerReference 用于清理资源时,对于任何一个对象,若它的 OwnerReference 字段值为待删除对象,则这个对象也会被清理,支持对象的变更,也会触发 Owner 对象的 Controller 的协调过程;Index 用于提供资源的缓存,提升客户端资源的查询效率。

3.2 Kubebuilder 模块分析

3.2.1 CRD 创建

通过对 Kubebuilder 的介绍,我们已经了解了 Kubebuilder 的功能与原理。从本节开始,我们深入分析 Kubebuilder 各模块的运行原理。首先,我们通过添加几条命令来添加几个自定义 CRD,Group 表示 CRD 所属的组,它可以支持多种不同版本、不同类型的资源构建;Version 表示 CRD 的版本号;Kind 表示 CRD 的类型,具体见代码清单 3-2。

代码清单 3-2

```
# kubebuilder create api --group demo --version v1 --kind Demo
# kubebuilder create api --group ship --version v1beta1 --kind Test1
# kubebuilder create api --group ship --version v1beta1 --kind Test2
```

执行上述命令后,我们先来看一下 API 层多出来的 CRD 文件结构,按照版本号进行了资源的一级划分,在上述案例中,创建了 1 个 v1 版本的 Demo 类型的资源,因此,它自动生成了 {kind}types.go 的文件,即 demotypes.go;同时创建了 2 个 v1beta1 版本的不同类型的资源,可以看到生成了 2 个资源文件,分别是 test1_types.go、test2_types.go。我们看到 Kind 定义的资源类型在 Kubernetes 中一定以大写字母开头,而它的资源文件都自动转化成小写字母,这是 Kubernetes 的一种约定。并且在每个版本的资源生成的过程中,都会包含 groupversion_info.go、zz_generated.deepcopy.go 文件,它们的作用是什么呢?这与 Scheme 模块的原理有关,即 Scheme 通过这 2 个文件实现了 CRD 的注册及资源的拷贝，具体见代码清单 3-3。

代码清单 3-3

```
[root@crd /demo]#  tree api/
api/
├── v1
│   ├── demo_types.go
│   ├── groupversion_info.go
│   └── zz_generated.deepcopy.go
└── v1beta1
    ├── groupversion_info.go
    ├── test1_types.go
    ├── test2_types.go
    └── zz_generated.deepcopy.go
```

到这里，细心的读者会思考上述 3 个资源的定义文件，除了类型、版本号、所属组不同，即 demo_types.go、test1_types.go、test2_types.go，这几个文件的内容有什么实质性的差异吗？下面我们继续看一下资源文件的具体内容，经过实践我们发现，资源本身的结构除了名称上的差异，并无任何区别。换句话说，Kubebuilder 创建出来的 CRD，结构体是相似的，用户只需要定义自己资源的结构体、做 Controller 的协调部分的逻辑。这个简化过程，对于初次接触 Kubernetes CRD 的用户来说非常有益，可以帮助用户快速构建应用。

下面我们挑选其中的 test1_types.go 内容进行说明（截取部分内容）。Test1 表明资源的结构体，包括 metadata、spec、status，以及继承的 Kubernetes 资源属性，如 kind、apiVersion 等；Test1List 表明资源的列表结构体，即当用户查询这一类资源时，各 test1 的内容放在了 Items 键的下面。另外，init() 初始化方法的作用是将资源的类型注册到 Scheme 对应的 ship 组的 v1beta1 版本下，在介绍 Kubebuilder 框架的时候，我们提及了 Scheme 的作用，在这里就体现了，具体见代码清单 3-4。

代码清单 3-4

```go
type Test1 struct {
    metav1.TypeMeta    `json:",inline"`
    metav1.ObjectMeta  `json:"metadata,omitempty"`
    Spec    Test1Spec    `json:"spec,omitempty"`
    Status  Test1Status  `json:"status,omitempty"`
}
type Test1List struct {
        metav1.TypeMeta `json:",inline"`
```

```
        metav1.ListMeta `json:"metadata,omitempty"`
        Items           []Test1 `json:"items"`
}
func init() {
        SchemeBuilder.Register(&Test1{}, &Test1List{})
}
```

除了 CRD 的定义外,我们还需要思考它的 Controller 部分,这也可以通过代码清单 3-2 的几条命令初始化出来的 Controller 文件来理解。下面,我们先来看一下文件的结构,其中每一个 CRD,默认会创建对应的 {kind}controller.go 文件,如 test1_controller.go,这就是 CRD Controller 逻辑构造的位置,具体见代码清单 3-5。

代码清单 3-5

```
[root@crd /demo]# tree controllers/
controllers/
├── demo_controller.go
├── suite_test.go
├── test1_controller.go
└── test2_controller.go
```

那么 {kind}controller.go 文件的内容是什么呢?为了阐明它的原理,我们截取部分代码。通过观察我们发现,自动生成的 Reconciler 的对象名称是 {kind}Reconciler,它的主方法是 Reconcile(),即通过在这个函数的空白处填入逻辑完成对应的 CRD 构造工作,剩下的是安装、运行工作。另外,我们还发现了 SetupWithManager 方法,这个方法的作用是什么?下一节将会系统介绍。这里,我们只需要清楚,它用于 CRD Controller 的安装。安装完成后,CRD Controller 才能运行,具体内容见代码清单 3-6。

代码清单 3-6

```
type DemoReconciler struct {
        client.Client
        Log    logr.Logger
        Scheme *runtime.Scheme
}
func (r *DemoReconciler) Reconcile(req ctrl.Request) (ctrl.Result, error) {
        _ = context.Background()
        _ = r.Log.WithValues("demo", req.NamespacedName)
        // your logic here
        return ctrl.Result{}, nil
```

```
}
// SetupWithManager sets up the controller with the Manager.
func (r *DemoReconciler) SetupWithManager(mgr ctrl.Manager) error {
        return ctrl.NewControllerManagedBy(mgr).
                For(&yangweiweiv1.Demo{}).
                Complete(r)
}
```

3.2.2 Manager 初始化

通过构建 CRD 的 API、Controller，我们已经明确，CRD 是用户自定义的资源，用户自定义它的协调逻辑。那么要想实现自定义 CRD Controller 协调逻辑的安装、运行，这离不开 Manager 结构对象。那么 Manager 是如何来初始化的呢？在介绍之前，我们先明确 Kubernetes 是一套以 Go 语言来实现的 PaaS 编排平台。因此，这里实现的 Controller 主程序也是 Go 语言支持的，它的入口方法是 main 文件中的 main() 方法。

通过 Kubebuilder 工具创建的 API 资源，除了创建 CRD 文件外，还生成了运行 Controller 文件的入口方法的 main 文件。CRD main 文件的产生过程还是比较简单的，感兴趣的读者可以自行阅读 Kubebuilder 的源码（github 上）。通过 main 的模板，根据定义的 CRD 类型、版本等信息，渲染出 main 文件的内容。它的内容大致包含 Manager 的初始化、CRD 的安装、Manager 的启动。

下面我们通过截取部分代码片段来帮助读者理解 Manager 的初始化过程（不是连续的文件）。Manager 初始化是借助于 ctrl.NewManager 方法实现的，而这个方法的位置指向 Controller-runtime 包的 manager.New 方法，在 New 的方法中，实际是根据传入的参数进行 Manager 对象的 Scheme、Cache、Client 等模块的初始化构建。这也是在前面介绍 Kubebuilder 框架时，我们提到的 Client、Cache 等内容。而 Manager 的 New 方法中的 Scheme 变量，是借助 Kubebuilder 工具，根据用户 CRD 生成主程序 main.go 的入口函数 main 方法传入的，即这里的 Scheme 已经绑定了用户 CRD。然后，初始化 Manager 对象构建出来后，通过 Manager 的 Cache 监听 CRD，一旦 CRD 在集群中创建了，Cache 监听到发生了变化，就会触发 Controller 的协调程序 Reconcile 工作，具体内容见代码清单 3-7。

代码清单 3-7

```
//Kubebuilder 初始化 Manager 对象
```

```go
mgr, err := ctrl.NewManager(ctrl.GetConfigOrDie(), ctrl.Options{
    Scheme:             scheme,
    MetricsBindAddress: metricsAddr,
    Port:               9443,
    LeaderElection:     enableLeaderElection,
    LeaderElectionID:   "{{ hashFNV .Repo }}.{{ .Domain }}",
})
// 初始化失败，退出主程序
if err != nil {
    setupLog.Error(err, "unable to start manager")
    os.Exit(1)
}

//controller-runtime/pkg/manager/manager.go 文件中的 New 方法
func New(config *rest.Config, options Options) (Manager, error) {
    return &controllerManager{
        scheme:  options.Scheme,
        cache:   cache,
        client:  writeObj,
        ...
    }
}

//Options 定义了创建一个 Manager 对象的参数结构体
type Options struct {
    Scheme *runtime.Scheme
    ...
}
```

3.2.3 Controller 初始化

接下来，我们继续分析 Controller 的初始化过程。通过前面对于 CRD 的介绍，借助 Kubebuilder 这个"脚手架"工具，我们可以快速生成 Controller 的文件，部分代码片段见代码清单 3-8。由此可见，CRD 的 Controller 初始化的核心代码是 SetupWithManager 方法，借助这个方法，就可以完成 CRD 在 Manager 对象中的安装，最后通过 Manager 对象的 start 方法来完成 CRD Controller 的运行。

代码清单 3-8

```go
func (r *DemoReconciler) Reconcile(req ctrl.Request) (ctrl.Result, error) {
    _ = context.Background()
    _ = r.Log.WithValues("demo", req.NamespacedName)
```

```go
        // 书写你自定义的代码逻辑
        return ctrl.Result{}, nil
}

// SetupWithManager 使用 Manager 设置 Controller.
func (r *DemoReconciler) SetupWithManager(mgr ctrl.Manager) error {
        return ctrl.NewControllerManagedBy(mgr).
                For(&yangweiweiv1.Demo{}).
                Complete(r)
}
```

它首先借助 Controller-runtime 包初始化 Builder 对象，当它完成 Complete 方法时，实际完成了 CRD Reconciler 对象的初始化，而这个对象是一个接口方法，它必须实现 Reconcile 方法。

下面我们分别对上述初始化的方法做进一步的梳理。ctrl.NewControllerManagedBy 方法实际借助 Controller-runtime 完成了 Builder 对象的构建，并借助它关联 CRD API 定义的 Scheme 信息，从而得知 CRD 的 Controller 需要监听的 CRD 类型、版本等信息。这个方法的最后一步是 Complete 的过程。为了便于理解，部分代码片段见代码清单 3-9。

代码清单 3-9

```go
func (blder *Builder) Complete(r reconcile.Reconciler) error {
        _, err := blder.Build(r)
        return err
}

// 构建应用程序，并返回创建的 ControllerManagedBy.
func (blder *Builder) Build(r reconcile.Reconciler) (controller.Controller, error) {
        ...
        // 设置 ControllerManagedBy
        if err := blder.doController(r); err != nil {
            return nil, err
        }
        // 设置 Watch
        if err := blder.doWatch(); err != nil {
            return nil, err
        }

        return blder.ctrl, nil
}
```

在构建 Controller 的方法中最重要的两个步骤是 doController 和 doWatch。在 doController 的过程中，实际的核心步骤是完成 Controller 对象的构建，从而实现基于 Scheme 和 Controller 对象的 CRD 的监听流程。而在构建 Controller 的过程中，它的 do 字段实际对应的是 Reconciler 接口类型定义的方法，也就是在 Controller 对象生成之后，必须实现这个定义的方法。它是如何使 Reconciler 对象同 Controller 产生联系的？实际上，在 Controller 初始化的过程中，借助了 Options 参数对象中设计的 Reconciler 对象，并将其传递给了 Controller 对象的 do 字段。所以当我们调用 SetupWithManager 方法的时候，不仅完成了 Controller 的初始化，还完成了 Controller 监听资源的注册与发现过程，同时将 CRD 的必要实现方法（Reconcile 方法）进行了再现。至此，我们完成了 Controller 的初始化分析，具体内容见代码清单 3-10。

代码清单 3-10

```go
type Controller struct {
    Do reconcile.Reconciler
}

type Reconciler interface {
    Reconcile(context.Context, Request) (Result, error)
}
```

3.2.4　Client 初始化

实现 Controller 时，不可避免地需要对某些资源类型进行创建、删除、更新和查询，这些操作就是通过 Client 实现的，查询功能实际查询的是本地的 Cache，写操作是直接访问 APIServer。Client 是进行初始化的过程见代码清单 3-11。

代码清单 3-11

```go
// ctrl.NewManager 用于创建 Manager，在创建 Manager 的过程中会初始化相应的 Client
mgr, err := ctrl.NewManager(ctrl.GetConfigOrDie(), ctrl.Options{
    Scheme:                  scheme,
    MetricsBindAddress:      metricsAddr,
    Port:                    9443,
    HealthProbeBindAddress:  probeAddr,
    LeaderElection:          enableLeaderElection,
    LeaderElectionID:        "8bf23ea1.my.domain",
```

第 3 章 Kubebuilder 原理

```go
    })

    // ...

    if err = (&controllers.GuestbookReconciler{
        // 将 Manager 的 Client 传给 Controller，
        // 并且调用 SetupWithManager 方法传入 Manager 进行 Controller 的初始化
        Client: mgr.GetClient(),
        Log:    ctrl.Log.WithName("controllers").WithName("Guestbook"),
        Scheme: mgr.GetScheme(),
    }).SetupWithManager(mgr); err != nil {
        setupLog.Error(err, "unable to create controller", "controller", "Guestbook")
        os.Exit(1)
    }
```

在 Manager 初始化过程中创建 Client，见代码清单 3-12。

代码清单 3-12

```go
func New(config *rest.Config, options Options) (Manager, error) {
    // ...
    // 如果用户没有指定自己用的 Client，那么在 setOptionsDefaults 函数中会创建
    // 默认的 Client
    options = setOptionsDefaults(options)

    // ...
    // 创建 Cache 用于 Client 读操作
    cache, err := options.NewCache(config, cache.Options{Scheme: options.Scheme,
Mapper: mapper, Resync: options.SyncPeriod, Namespace: options.Namespace})

    // ...
    clientOptions := client.Options{Scheme: options.Scheme, Mapper: mapper}

    apiReader, err := client.New(config, clientOptions)
    if err != nil {
        return nil, err
    }

    // 初始化用于写操作的 Client
    writeObj, err := options.ClientBuilder.
        WithUncached(options.ClientDisableCacheFor...).
        Build(cache, config, clientOptions)
    if err != nil {
```

```
        return nil, err
    }

    // dryRun 模式
    if options.DryRunClient {
        writeObj = client.NewDryRunClient(writeObj)
    }
}
```

初始化默认的 Client，见代码清单 3-13。

代码清单 3-13

```
func setOptionsDefaults(options Options) Options {
    // ...
    // 如果用户没有指定 Client，那么创建默认的 Client
    if options.ClientBuilder == nil {
        options.ClientBuilder = NewClientBuilder()
    }
    // 如果用户没有指定 Cache，那么创建默认的 Cache
    if options.NewCache == nil {
        options.NewCache = cache.New
    }
    // ...
}
```

Manager 启动的入口函数一般在 main() 函数中，具体见代码清单 3-14。

代码清单 3-14

```
setupLog.Info("starting manager")
if err := mgr.Start(ctrl.SetupSignalHandler()); err != nil {
    setupLog.Error(err, "problem running manager")
    os.Exit(1)
}
```

MGR 的类型是一个 Interface，底层实际上调用的是 controllerManager 的 Start 方法。Start 方法的主要逻辑就是启动 Cache、Controller，将整个事件流运转起来。

代码清单 3-15 展示了启动逻辑。

代码清单 3-15

```
func (cm *controllerManager) Start(ctx context.Context) (err error) {
```

```
...
// 根据是否需要选举来选择启动方式
go cm.startNonLeaderElectionRunnables()
go func() {
        if cm.resourceLock != nil {
            err := cm.startLeaderElection()
            if err != nil {
                cm.errChan <- err
            }
        } else {
            close(cm.elected)
            go cm.startLeaderElectionRunnables()
        }
    }()
...
}
```

选举和非选举方式的启动逻辑类似，都是先初始化 Cache，再启动 Controller，见代码清单 3-16。

代码清单 3-16

```
func (cm *controllerManager) startNonLeaderElectionRunnables() {
    cm.mu.Lock()
    defer cm.mu.Unlock()

    // 启动 Cache
    cm.waitForCache(cm.internalCtx)

    // 启动 Controller
    for _, c := range cm.nonLeaderElectionRunnables {
        cm.startRunnable(c)
    }
}
```

3.2.5　Manager 启动

1. 启动 Cache

启动 Cache，见代码清单 3-17。

代码清单 3-17

```go
func (c *multiNamespaceCache) Start(ctx context.Context) error {
    for ns, cache := range c.namespaceToCache {
        go func(ns string, cache Cache) {
            // namespaceToCache 存储每个 ns 的 cache, 默认是 Informers
            // Map 类型
            // cache 入口
            err := cache.Start(ctx)
            if err != nil {
                log.Error(err, "multinamespace cache failed to start namespaced informer", "namespace", ns)
            }
        }(ns, cache)
    }
    <-ctx.Done()
    return nil
}
```

InformersMap 抽象出 3 个 Map 结构：structured/unstructured/metadata，分别存储不同的 Informer，见代码清单 3-18。

代码清单 3-18

```go
func (m *InformersMap) Start(ctx context.Context) error {
    go m.structured.Start(ctx)
    go m.unstructured.Start(ctx)
    go m.metadata.Start(ctx)
    <-ctx.Done()
    return nil
}
```

启动每个 Informer，见代码清单 3-19。

代码清单 3-19

```go
func (ip *specificInformersMap) Start(ctx context.Context) {
    func() {
        ...
        for _, informer := range ip.informersByGVK {
            go informer.Informer.Run(ctx.Done())
```

```
            }
            ...
        }()
        <-ctx.Done()
}
```

Cache 的核心逻辑是初始化内部所有的 Informer，初始化 Informer 后就创建了 Reflector 和内部 Controller，Reflector 和 Controller 两个组件是一个"生产者—消费者"模型，Reflector 负责监听 APIServer 上指定的 GVK 资源的变化，然后将变更写入 delta 队列中，Controller 负责消费这些变更的事件，然后更新本地 Indexer，最后计算出是创建、更新，还是删除事件，推给我们之前注册的 Watch Handler。

2. 启动 Controller

用户自定义的 Controller 需要实现 Start 方法，程序启动后 controllerManager 会自动调用 Start 方法启动 Controller。每个 Controller 会启动一个 Goroutinue，见代码清单 3-20。

代码清单 3-20

```
func (cm *controllerManager) startRunnable(r Runnable) {
    cm.waitForRunnable.Add(1)
    go func() {
        defer cm.waitForRunnable.Done()
        if err := r.Start(cm.internalCtx); err != nil {
            cm.errChan <- err
        }
    }()
}
```

3.2.6 Finalizers

Finalizers 是每种资源在生命周期结束时都会用到的字段。该字段属于 Kubernetes GC 垃圾收集器，它是一种删除拦截机制，可以让控制器在删除资源前（Pre-delete）进行回调。

Finalizers 是在对象删除之前需要执行的逻辑，比如你给资源类型中的每个对象都创建了对应的外部资源，并且希望在 Kuebernetes 删除对应资源的同时删除关联的外部资源，那么可以通过 Finalizers 来实现。当 Finalizers 字段存在时，相关资源不允许被强制删除。所有的对象在被彻底删除之前，它的 Finalizers 字段必须为空，即必须保证在所有对象被彻底删除之前，与它关联的所有相关资源已被删除。

Finalizers 存在于任何一个资源对象的 Meta 中，在 Kuebernetes 源码中声明为"[ ] string"类型，见代码清单 3-21。

代码清单 3-21

```
type ObjectMeta struct {
    // ...
    Finalizers []string
    // ...
    DeletionTimestamp *Time
}
```

存在 Finalizers 字段的资源对象接收的第一个删除请求，设置 metadata.DeletionTimestamp 字段的值，但不删除具体资源，在设置该字段后，Finalizers 列表中的对象只能被删除，不能进行其他操作。

当 metadata.DeletionTimestamp 字段为非空时，Controller 监听对象并执行对应 Finalizers 的动作，在所有动作执行完成后，将该 Finalizer 从列表中移除。一旦 Finalizers 列表为空，就意味着所有 Finalizer 都被执行过，最终 Kubernetes 会删除该资源。

在 Operator Controller 中，最重要的逻辑就是 Reconcile 方法，Finalizers 也是在 Reconcile 中实现的，具体内容见代码清单 3-22。

代码清单 3-22

```
func (r *CronJobReconciler) Reconcile(req ctrl.Request) (ctrl.Result, error) {
    ctx := context.Background()
    log := r.Log.WithValues("cronjob", req.NamespacedName)

    var cronJob batch.CronJob
    if err := r.Get(ctx, req.NamespacedName, &cronJob); err != nil {
        log.Error(err, "unable to fetch CronJob")
        return ctrl.Result{}, ignoreNotFound(err)
    }
```

```go
    // 声明 Finalizer 字段，由前文可知，类型为字符串
    // 自定义 Finalizer 的标识符包含一个域名、一个正向斜线和 Finalizer 的名称
    myFinalizerName := "storage.finalizers.tutorial.kubebuilder.io"

    // 通过检查 DeletionTimestamp 字段是否为 0，判断资源是否被删除
    if cronJob.ObjectMeta.DeletionTimestamp.IsZero() {
        // 如果 DeletionTimestamp 字段为 0，说明资源未被删除，此时需要检测是否存在
Finalizer，如果不存在，则添加，并更新到资源对象中
        if !containsString(cronJob.ObjectMeta.Finalizers, myFinalizerName) {
            cronJob.ObjectMeta.Finalizers = append(cronJob.ObjectMeta.
Finalizers, myFinalizerName)
            if err := r.Update(context.Background(), cronJob); err != nil {
                return ctrl.Result{}, err
            }
        }
    } else {
        // 如果 DeletionTimestamp 字段不为 0，说明对象处于删除状态中
        if containsString(cronJob.ObjectMeta.Finalizers, myFinalizerName) {
            // 如果存在 Finalizer 且与上述声明的 finalizer 匹配，那么执行对应的 hook 逻
辑
            if err := r.deleteExternalResources(cronJob); err != nil {
                // 如果删除失败，则直接返回对应的 err，Controller 会自动执行重试逻辑
                return ctrl.Result{}, err
            }

            // 如果对应的 hook 执行成功，那么清空 finalizers，Kuebernetes 删除对应资源
            cronJob.ObjectMeta.Finalizers = removeString(cronJob.ObjectMeta.
Finalizers, myFinalizerName)
            if err := r.Update(context.Background(), cronJob); err != nil {
                return ctrl.Result{}, err
            }
        }

        return ctrl.Result{}, err
    }
}

func (r *Reconciler) deleteExternalResources(cronJob *batch.CronJob) error {
    // 删除 cronJob 关联的外部资源逻辑
    // 需要确保实现是幂等的
}
```

```go
func containsString(slice []string, s string) bool {
    for _, item := range slice {
        if item == s {
            return true
        }
    }
    return false
}

func removeString(slice []string, s string) (result []string) {
    for _, item := range slice {
        if item == s {
            continue
        }
        result = append(result, item)
    }
    return
}
```

在 Kuebernetes 中，只要对象 ObjectMeta 中的 Finalizers 不为空，对该对象的 Delete 操作就会转变为 Update 操作，从代码清单 3-22 中我们可以看到，Update DeletionTimestamp 字段的意义是告诉 Kuebernetes 的垃圾回收器，在 DeletionTimestamp 这个时刻之后，只要 Finalizers 为空，就立马删除该对象。

所以一般的使用方法就是在创建对象时把 Finalizers 设置好（任意 String），然后处理 DeletionTimestamp 不为空的 Update 操作（实际是 Delete），根据 Finalizers 的值执行完所有的 Pre-delete Hook（此时可以在 Cache 中读取被删除对象的任何信息）之后将 Finalizers 设置为空即可。

3.3 Controller-runtime 模块分析

3.3.1 Controller-runtime 框架

Controller-runtime 是社区提供的用于开发 Controller 的框架，包含了各种已封装的代码库。Kubebuilder 与 Operator SDK 都是基于 Controller-runtime 框架来工作的，使用 Controller-runtime，开发者可以方便地开发各种 Controller、CRD、Admission WebHook 等，如图 3-2 所示。

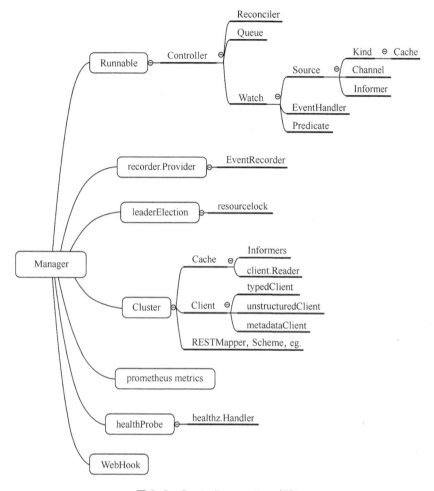

图 3-2　Controller-runtime 框架

1. 主要模块

Controller-runtime 为 Controller 的开发提供了各种功能模块，每个模块中包括了一个或多个实现，通过这些模块，开发者可以灵活地构建自己的 Controller，主要包括以下内容。

（1）Client：用于读写 Kubernetes 资源对象的客户端。

（2）Cache：本地缓存，用于保存需要监听的 Kubernetes 资源。缓存提供了只读客户端，用于从缓存中读取对象。缓存还可以注册处理方法（EventHandler），以响应更新的事件。

（3）Manager：用于控制多个 Controller，提供 Controller 共用的依赖项，如 Client、Cache、Schemes 等。通过调用 Manager.Start 方法，可以启动 Controller。

（4）Controller：控制器，响应事件（Kubernetes 资源对象的创建、更新、删除）并确保对象规范（Spec 字段）中指定的状态与系统状态匹配，如果不匹配，则控制器需要根据事件的对象，通过协调器（Reconciler）进行同步。在实现上，Controller 是用于处理 reconcile.Requests 的工作队列，reconcile.Requests 包含了需要匹配状态的资源对象。

① Controller 需要提供 Reconciler 来处理从工作队列中获取的请求。

② Controller 需要配置相应的资源监听，根据监听到的 Event 生成 reconcile.Requests 并加入队列。

（5）Reconciler：为 Controller 提供同步的功能，Controller 可以随时通过资源对象的 Name 和 Namespace 来调用 Reconciler，调用时，Reconciler 将确保系统状态与资源对象所表示的状态相匹配。例如，当某个 ReplicaSet 的副本数为 5，但系统中只有 3 个 Pod 时，同步 ReplicaSet 资源的 Reconciler 需要新建两个 Pod，并将它们的 OwnerReference 字段指向对应的 ReplicaSet。

① Reconciler 包含了 Controller 所有的业务逻辑。

② Reconciler 通常只处理单个对象类型，例如只处理 ReplicaSets 的 Reconciler，不处理其他的对象类型。如果需要处理多种对象类型，需要实现多个 Controller。如果你希望通过其他类型来触发 Reconciler，例如，通过 Pod 对象的事件来触发 ReplicaSet 的 Recon- ciler，则可以提供一个映射，通过该映射将触发 Reconciler 的类型映射到需要匹配的类型。

③ 提供给 Reconciler 的参数是需要匹配的资源对象的 Name 和 Namespace。

④ Reconciler 不关心触发它的事件的内容和类型。例如，对于同步 ReplicaSet 资源的 Reconciler 来说，触发它的是 ReplicaSet 的创建还是更新并不重要，Reconciler 总是会比较系统中相应的 Pod 数量和 ReplicaSet 中指定的副本数量。

（6）WebHook：准入 WebHook（Admission WebHook）是扩展 Kubernetes API 的一种机制，WebHook 可以根据事件类型进行配置，比如资源对象的创建、删除、更改等事件，当配置的事件发生时，Kubernetes 的 APIServer 会向 WebHook 发送准入请求（AdmissionRequests），WebHook 可以对请求中的资源对象进行更改或准入验证，然后将处理结果响应给 APIServer。准入 WebHook 分两种类型：变更（Mutating）准入和验证准入。变更准入用于在 APIServer 进行准入验证前，更改请求中的 CRD 或核心 API 资源。验证准入用于验证请求中的对象是否满足某些要求。

准入 WebHook 要求提供处理方法（Handler）来处理接收到的 AdmissionRequests。

（7）Source：resource.Source 是 Controller.Watch 的参数，提供事件，事件通常是来自 Kubernetes 的 APIServer（如 Pod 创建、更新和删除）。例如，source.Kind 使用指定对象（通过 GroupVersionKind 指定）的 Kubernetes API Watch 接口来提供此对象的创建、更新、删除事件。

① Source 通过 Watch API 提供 Kubernetes 指定对象的事件流。

② 建议开发者使用 Controller-runtime 中已有的 Source 实现，而不是自己实现此接口。

（8）EventHandler：handler.EventHandler 是 Controller.Watch 的参数，用于将事件对应的 reconcile.Requests 加入队列。例如，从 Source 中接收到一个 Pod 的创建事件，eventhandler.EnqueueHandler 会根据 Pod 的 Name 与 Namespace 生成 reconcile.Requests 后，加入队列。

① EventHandlers 处理事件的方式是将一个或多个 reconcile.Requests 加入队列。

② 在 EventHandler 的处理中，事件所属的对象的类型（比如 Pod 的创建事件属于 Pod 对象），可能与 reconcile.Requests 所加入的对象类型相同。

③ 事件所属的对象的类型也可能与 reconcile.Requests 所加入的对象类型不同。例如将 Pod 的事件映射为所属的 ReplicaSet 的 reconcile.Requests。

④ EventHandler 可能会将一个事件映射为多个 reconcile.Requests 并加入队列，多个 reconcile.Requests 可能属于一个对象类型，也可能涉及多个对象类型。例如，由于集群扩展导致的 Node 事件。

⑤ 在大多数情况下，建议开发者使用 Controller-runtime 中已有的 EventHandler 来实现，而不是自己实现此接口。

（9）Predicate：predicate.Predicate 是 Controller.Watch 的参数，是用于过滤事件的过滤器，过滤器可以复用或者组合。

① Predicate 接口以事件作为输入，以布尔值作为输出，当返回 True 时，表示需要将事件加入队列。

② Predicate 是可选的。

③ 建议开发者使用 Controller-runtime 中已有的 Predicate 实现，但可以使用其他 Predicate 进行过滤。

2. 流程

Controller-runtime 流程如图 3-3 所示。

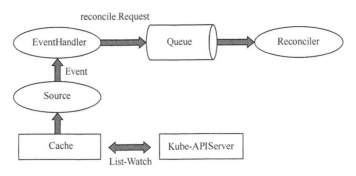

图 3-3 Controller-runtime 流程

以使用 Controller-runtime 开发的 PodController 为例，Controller 的整体流程如下。

（1）Source 通过 Kubernetes APIServer 监听 Pod 对象，提供 Pod 的事件（见代码清单 3-23）。

代码清单 3-23

```
&source.KindSource{&v1.Pod{}} -> (Pod foo/bar Create Event)
```

（2）EventHandler 根据 Pod 事件，将 reconcile.Request 加入队列（见代码清单 3-24）。

代码清单 3-24

```
&handler.EnqueueRequestForObject{} -> (reconcile.Request{types.NamespaceName{Name: "foo", Namespace: "bar"}})
```

（3）从队列中获取 reconcile.Request，并调用 Reconciler 进行同步（见代码清单 3-25）。

代码清单 3-25

```
Reconciler(reconcile.Request{types.NamespaceName{Name: "foo", Namespace: "bar"}})
```

其中，Controller 的启动由 Manager 控制。

3.3.2 Manager

Manager 是 Controller-runtime 库中最主要的结构，可以用来启动 Controller、管理 Controller 依赖、提供集群相关资源的获取方式等。

1. 接口

在 pkg/manager/manager.go 中，定义了 Manager 接口，部分开发者常用的方法如下。

（1）cluster.Cluster：接口类型，Manager 的匿名成员，Manager 继承了 cluster.Cluster 的所有方法。cluster.Cluster 提供了一系列方法，以获取与集群相关的对象。

开发者可以通过以下几种方式访问 Kubernete 集群中的资源。

① 通过 Manager.GetClient() 可以获取 client.Client，从而对 Kubernetes 资源进行读写，这也是推荐的方式。在读操作上，client.Client 直接查询 Cache 中的资源，Cache 基于 List-Watch 机制缓存了 Kube-APIServer 中的部分资源。在写操作上，client.Client 会向 Kube-APIServer 发送请求。

② 通过 Manager.GetAPIReader() 获取 client.Reader，client.Reader 只用于查询 Kubernetes 资源，但不再使用 Cache，而是直接向 Kube-APIServer 发送请求，效率相对 client.Client 较低。

另外，还可以通过 cluster.Cluster 获取集群的常用数据。

① 通过 Manager.GetConfig() 获取 Kube-APIServer 的 rest.Config 配置，可用于 k8s.io/client-go 中 ClientSet 的创建。

② 通过 Manager.GetScheme() 获取 Kubernetes 集群资源的 Scheme，可以用于注册 CRD。

③ 通过 Manager.GetEventRecorderFor() 获取 EventRecorder，可以用于创建 Kubernetes event 到集群中。

④ 通过 Manager.GetRESTMapper() 获取 RESTMapper，存储了 Kube-APIServer 中资源 Resource 与 Kind 的对应关系，可以将 GroupVersionResource 转换为对应的 GroupVersionKind。

⑤ 通过 Manager.GetCache() 获取 Cache。

cluster.Cluster 还提供了 SetFields() 接口，用于"注入" Controller 的依赖。此接口在创建 Controller 时作为函数对象保存在 Controller 中，在 Controller 启动前调用。

（2）Manager.Start() 方法会启动所有注册到 Manager 中的 Controller。当开启了 Manager 的选举功能时，Manager 会在启动前尝试获取 Leader，只有当选 Leader 成功，Manager 才会启动注册的 Controller。

除了 Controller 外，开发者可以通过 Manager.Add(Runnable) 方法注册自定义的对象，例如，注册一个 HTTP Server，只需要自定义的对象实现 Runnable 接口的 Start(context.Context)error() 方法即可。一般在通过 pkg/builder 下的 Builder 创建 Controller 对象时，Builder 会自动调用 Manager.Add(Runnable) 方法将 Controller 对象注册到 Manager 中。

与 Controller 相同，在调用 Manager.Start() 后，Manager 会调用自定义对象的 Start （context.Context）error() 方法，用来启动自定义对象。当自定义对象同时实现了 LeaderElectionRunnable 接口的 NeedLeaderElection() 方法时，Manager 会在启动前判断此自定义对象是否需要遵循选举机制来启动，在默认情况下，对于未实现此接口的自定义对象，其效果与实现了此接口且返回为 True 时一样。

（3）Controller-runtime 还提供了 Kubernetes Admission WebHook 机制实现的框架，通过 Manager.GetWebHookServer() 方法，可以获取一个空的 WebHook.Server 对象，开发者只需要调用 WebHook.Server 的 Register() 方法，将处理逻辑注册到服务中即可。与 Controller 一样，WebHook.Server 也会自动注册到 Manager 中，并由 Manager 负责启动。

（4）Manager.AddReadyzCheck() 方法与 Manager.AddHealthzCheck() 方法用于添加自定义的健康检查逻辑，对应于 Kubernete 的 Readyz 探针和 Healthz 探针，Manager 根据添加的自定义检查逻辑以 HTTP 的方式在指定端口反馈检查结果。

（5）Manager.AddMetricsExtraHandler() 方法用于自定义 Manager 的监控项，Controller-runtime 中默认定义了部分 Prometheus 的监控项，涉及 Manager、Controller、Cache 等，另外，开发者也可以通过此方法将自定义的服务监控注册到 HTTP Server 的指定路径上，对于更加复杂的自定义服务监控功能，可以将其实现为 Runnable 接口，注册到 Manager 中。

（6）Manager.Elected() 方法可以返回一个 Channel 结构，用于判断选举状态。当未配置选举或当选 Leader 时，Channel 将被关闭。

2. 创建

pkg/manager/internal.go 中的 controllerManager 对象实现了 Manager 接口，可以通过 manager.New() 方法新建（见代码清单 3-26）。

代码清单 3-26

```
...
mgr, err := manager.New(cfg, manager.Options{})
    if err != nil {
        log.Error(err, "unable to set up manager")
        os.Exit(1)
    }
...
```

其中，方法的第一个参数为 rest.Config 对象，定义了如何访问 Kube-APIServer；第二个参数为 manager.Options 对象，用于配置 Manager，主要包括以下内容。

(1) Scheme 结构。一般先通过 k8s.io/apimachinery/pkg/runtime 中的 NewScheme() 方法获取 Kubernetes 的 Scheme，然后再将 CRD 注册到 Scheme 中（见代码清单 3-27）。

代码清单 3-27

```
...
var scheme = runtime.NewScheme()
func init() {
   crd1.AddToScheme(scheme)
   crd2.AddToScheme(scheme)
   ...
}
...
```

(2) MapperProvider 是一个函数对象，其定义为 func(c *rest.Config)(meta.REST-Mapper, error)，用于定义 Manager 如何获取 RESTMapper。默认通过 k8s.io/client-go 中的 DiscoveryClient 请求获取 Kube-APIServer。

(3) Logger 用于定义 Manager 的日志输出对象，默认使用 pkg/internal/log 包下的全局参数 RuntimeLog。

(4) SyncPeriod 参数用于指定 Informer 重新同步并处理资源的时间间隔，默认为 10 小时。此参数也决定了 Controller 重新同步的时间间隔，每个 Controller 的时间间隔以此参数为基准有 10% 的抖动，以避免多个 Controller 同时进行重新同步。

(5) LeaderElection、LeaderElectionResourceLock、LeaderElectionNamespace、LeaderElectionID 等用于开启和配置 Manager 的选举。其中，LeaderElectionResource-Lock 配置选举锁的类型可以为 Leases、Configmapsleases、Endpointsleases 等，默认为 Configmapslease。LeaderElectionNamespace、LeaderElectionID 用于配置锁资源的 Namespace 和 Name（见代码清单 3-28）。

代码清单 3-28

```
LeaderElection bool
LeaderElectionResourceLock string
LeaderElectionNamespace string
LeaderElectionID string

// 访问选举锁所在的 APIServer 的配置
LeaderElectionConfig *rest.Config
```

```
// 当设置为 True 时，Manager 结束前会主动释放选举锁，否则需要等到选举任期结束
// 才能进行新的选举。此选项可以加快重新选举的速度
LeaderElectionReleaseOnCancel bool

// 候选人强制获取 Leader 的时间，相当于一个选举任期，默认为 15s
LeaseDuration *time.Duration

// 当选 Leader 后，刷新选举信息的间隔，其需要小于 LeaseDuration，默认为 10s
   RenewDeadline *time.Duration

// 候选人尝试竞选的时间间隔默认为 2s
   RetryPeriod *time.Duration
```

（6）Namespace 参数用于限制 Manager.Cache 只监听指定 Namespace 的资源，默认情况下无限制。

（7）NewCache 参数的类型为 cache.NewCacheFunc，Manager 会调用此参数创建 Cache，因此，可以用于自定义 Manager 使用的 Cache。在默认情况下，Manager 使用 InformersMap 对象实现 Cache 接口，InformersMap 接口的实现在 pkg/cache/internal/deleg_map.go 中（见代码清单 3-29）。

代码清单 3-29

```
type NewCacheFunc func(config *rest.Config, opts Options) (Cache, error)
```

（8）ClusterBuilder 参数的类型为 ClientBuilder 接口，Manager 会调用此接口创建 Client，即 Manager.GetClient() 返回的 Client。在默认情况下，Manager 使用 pkg/cluster 下的 newClientBuilder 对象创建 Client。

（9）ClientDisableCacheFor 参数用于配置 Client，指定某些资源对象的操作不使用缓存，而是直接操作 Kube-APIServer。

（10）EventBroadcaster 参数用于提供 Manager，以获取 EventRecorder，当前已不推荐使用，因为当 Manager 或 Controller 的生命周期短于 EventBroadcaster 的生命周期时，可能会导致 goroutine 泄露。

3. 实现

ControllerManager 对象是 Manager 的实现，其结构成员中部分成员是直接通过

manager.Options 传入的，或是通过 manager.Options 传入的方法创建的，另外一些主要的成员如下。

（1）cluster.Cluster 接口类型成员 Cluster：提供 Manager 接口中的匿名成员 cluster.Cluster 的实现。

（2）[]Runnable 类型成员 leaderElectionRunnables 与 nonLeaderElectionRunnables：两者存储了所有注册到 Manager 中的 Controller、WebHook Server 以及自定义对象，按照是否需要遵循选举机制 []Runnable 类型成员分为两类，nonLeaderElectionRunnables 中的 Runnable，在调用 Manager.Start() 方法后会立即启动。

（3）metricsListener 和 healthProbeListener：类型都为 net.Listener，前者是 Prometheus 监控服务的监听对象，后者是健康检查服务的监听对象。

（4）WebHookServer：WebHook 的服务对象，在 Manager.GetWebhookServer() 方法被调用时，进行创建并返回。

（5）startCache：是函数对象，类型为 func(ctx context.Context) error，用于启动缓存的同步。在启动 leaderElectionRunnables 和 nonLeaderElectionRunnables 之前，Manager 会先调用此方法启动缓存同步，并等待同步完成，启动 Runnable。在实现上，startCache 实际上是 cluster.Cluster.Start() 方法。

3.3.3　Controller

Controller 是 Controller-runtime 的核心结构，其实现了 Controller 的基本逻辑：Controller 管理一个工作队列，并从 source.Sources 中获取 reconcile.Requests 加入队列，通过执行 reconcile.Reconciler 来处理队列中的每项 reconcile.Requests，而 reconcile.Reconciler 可以通过读写 Kubernetes 资源来确保集群状态与期望状态一致。

接口：
Controller 接口定义在 pkg/controller/controller.go 下，包括如下内容。

（1）reconcile.Reconciler：匿名接口，定义了 Reconcile(context.Context, Request)(Result, error)。

（2）Watch(src source.Source, eventhandler handler.EventHandler, predicates ...predicate.Predicate) error：定义入队 reconcile.Requests，Watch() 方法会从 source.Source 中获取 Event，并根据参数 Eventhandler 来决定如何入队，根据参数 Predicates 进行 Event 过滤，Preficates 可能有多个，只有所有的 Preficates 都返回

True 时，才会将 Event 发送给 Eventhandler 处理。

（3）Start(ctx context.Context) error：Controller 的启动方法，实现了 Controller 接口的对象，也实现了 Runnable，因此，该方法可以被 Manager 管理。

（4）GetLogger() logr.Logger：获取 Controller 内的 Logger，用于日志输出。

实现：

Controller 的实现在 pkg/internal/controller/controller.go 下，为结构体 Controller，Controller 结构体中包括的主要成员如下。

（1）Name string：必须设置，用于标识 Controller，会在 Controller 的日志输出中进行关联。

（2）MaxConcurrentReconciles int：定义允许 reconcile.Reconciler 同时运行的最多个数，默认为 1。

（3）Do reconcile.Reconciler：定义了 Reconcile() 方法，包含了 Controller 同步的业务逻辑。Reconcile() 能在任意时刻被调用，接收一个对象的 Name 与 Namespace，并同步集群当前实际状态至该对象被设置的期望状态。

（4）MakeQueue func() workqueue.RateLimitingInterface：用于在 Controller 启动时，创建工作队列。由于标准的 Kubernetes 工作队列创建后会立即启动，因此，如果在 Controller 启动前就创建队列，在重复调用 controller.New() 方法创建 Controller 的情况下，就会导致 Goroutine 泄露。

（5）Queue workqueue.RateLimitingInterface：使用上面方法创建的工作队列。

（6）SetFields func(i interface{}) error：用于从 Manager 中获取 Controller 依赖的方法，依赖包括 Sourcess、EventHandlers 和 Predicates 等。此方法存储的是 controllerManager.SetFields() 方法。

（7）Started Bool：用于表示 Controller 是否已经启动。

（8）CacheSyncTimeout time.Duration：定义了 Cache 完成同步的等待时长，超过时长会被认为是同步失败。默认时长为 2 分钟。

（9）startWatches []watchDescription：定义了一组 Watch 操作的属性，会在 Controller 启动时，根据属性进行 Watch 操作。watchDescription 的定义见代码清单 3-30，watchDescription 包括 Event 的源 source.Source、Event 的入队方法 handler.EventHandler 以及 Event 的过滤方法 predicate.Predicate。

代码清单 3-30

```
type watchDescription struct {
    src        source.Source
    handler    handler.EventHandler
    predicates []predicate.Predicate
}
```

（10）Log Logr.Logger：用于记录日志的日志对象。

Controller 的主要逻辑在 Controller.Start() 方法内，流程如图 3-4 所示。

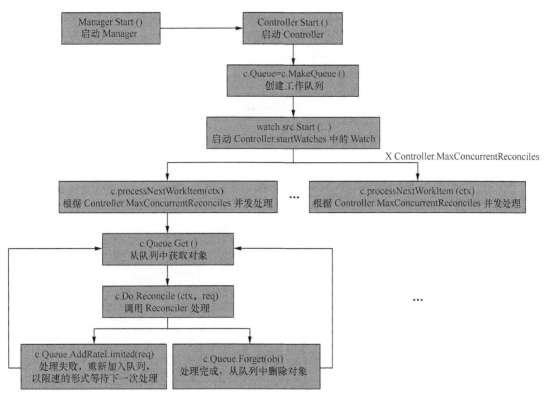

图 3-4　Controller 逻辑

（1）在 Manager 调用 Start() 方法后，进入 Controller 的启动流程，经过选举等预处理后，Controller 进入 Start() 方法。

（2）Controller 根据 MakeQueue() 创建工作队列，并启动工作队列。

（3）Controller 根据 startWatches 参数启动各个 Watch 流程，并将工作队列注入各个 Watcher 中。

（4）Controller 根据 MaxConcurrentReconciles 启动多个 Worker 程序，用于处理队列中的对象。

（5）Work 程序先从工作队列中获取需要处理的对象，然后调用 Controller 成员 Do 的 Reconcile() 方法进行处理。

（6）根据 Reconcile() 方法返回的结果，将对象重新入队列或从队列中删除。重新入队列的方法可以是带有一定延迟的 Queue.AddAfter()，也可以是有限速的 Queue.AddRateLimited()。重新加入的次数无限制。

创建：

Controller 的创建一般使用 pkg/builder/controller.go 下的 Builder 对象。例如，代码清单 3-31 创建了一个监听 ReplicaSet 对象的 Controller，Controller 使用 replicaSetReconcile 作为 Reconciler 接口的实现来进行状态同步。

代码清单 3-31

```
ControllerManagedBy(manager).
    For(&appsv1.ReplicaSet{}).
    Owns(&corev1.Pod{}).
    Build(replicaSetReconcile)
```

详细地说，创建 Controller 基本分为 4 步。

第一步，通过 ControllerManagedBy(m manager.Manager)*Builder 方法实例化一个 Builder 对象，其中传入的 Manager 提供创建 Controller 所需的依赖。

第二步，使用 For(object client.Object, opts ...ForOption) 方法设置需要监听的资源类型。除了 For() 方法外，还可以通过代码清单 3-32 设置监听的资源类型。

代码清单 3-32

```
// 监听 Object，并将 Object 对应的 Owner 加入队列。例如，在上面的例子中监听 Pod 对象，根据
Pod 的 Owner 将 Pod 所属的 ReplicaSet 资源加入队列
func (blder *Builder) Owns(object client.Object, opts ...OwnsOption) *Builder{}

// 监听指定资源，使用指定方法对事件进行处理。建议使用 For() 和 Owns()，而不是直接使用
Watches() 方法
func (blder *Builder) Watches(src source.Source, eventhandler handler.
EventHandler, opts ...WatchesOption) *Builder{}
```

其中 ForOption、OwnsOption、WatchesOption 主要用于设置监听属性，例如，使用

Predicates 设置事件的过滤器。

第三步，设置 Controller 的其他属性，见代码清单 3-33。

代码清单 3-33

```
// 设置事件的过滤器，选择部分 create/update/delete/generic 事件触发同步
func (blder *Builder) WithEventFilter(p predicate.Predicate) *Builder{}

// 设置 Controller 的属性参数，其中 Options 结构如下，对应上面介绍的 Controller 中的属性
func (blder *Builder) WithOptions(options controller.Options) *Builder{}
type Options struct {
    MaxConcurrentReconciles int
    Reconciler reconcile.Reconciler
    RateLimiter ratelimiter.RateLimiter
    Log logr.Logger
    CacheSyncTimeout time.Duration
}

// 设置 logger
func (blder *Builder) WithLogger(log logr.Logger) *Builder{}

// 设置 Controller 的名称，Controller 的名称会出现在监控、日志等信息中。在默认情况下，Controller
使用小写字母命名。
func (blder *Builder) Named(name string) *Builder{}
```

第四步，使用 Complete(r reconcile.Reconciler) error 方法或 Build(r reconcile.Reconciler) (controller.Controller, error) 完成创建，两者是一样的。

1. Reconciler

Reconciler（协调器）是提供给 Controller 的一个函数，可以随时使用对象的 Name 和 Namespace 对其进行调用。当它被调用时，Reconciler 将确保集群中资源的状态和预设的状态保持一致。例如，ReplicaSet 指定 5 个副本，但系统中仅存在 3 个 Pod 时，Reconciler 将再创建 2 个 Pod，并向 Pod 的 OwnerReference 中添加该 ReplicaSet 的名称，同时设置 "controller=true" 属性。

Reconciler 需要开发者自己实现，并在创建 Controller 时，通过 Builder.Complete() 或 Builder.Build() 方法传递给 Controller。Reconciler 接口定义在 pkg/reconcile/reconcile.go 下，只有一个该方法：Reconcile(context.Context, Request) (Result, error)。

该方法中 Request 包含了需要处理对象的 Name 和 Namespace，Result 决定了是否

需要将对象重新加入队列以及如何加入队列（见代码清单 3-34）。

代码清单 3-34

```
type Request struct {
      types.NamespacedName
}

type Result struct {
      // Requeue 告诉 Controller 是否需要重新将对象加入队列，默认为 False
      Requeue bool

      // RequeueAfter 大于 0 表示 Controller 需要在设置的时间间隔后，将对象重新加入队列
      // 注意，当设置了 RequeueAfter，就表示 Requeue 为 True，即无须 RequeueAfter 与
Requeue=True 被同时设置
      RequeueAfter time.Duration
}
```

Reconciler 主要有以下特性。

（1）包含 Controller 的所有业务逻辑。

（2）Reconciler 通常在单个对象类型上工作，某个 Reconciler 一般只会处理一种类型的资源。

（3）提供了待处理对象的 Name 和 Namespace。

（4）协调者不关心负责触发协调的事件内容或事件类型。无论是对象的增加、删除还是更新操作，Reconciler 中接收的都是对象的名称和命名空间。

2. Predicate

Predicate（过滤器）是 Controller.Watch 的可选参数，用于过滤事件。其接口与部分实现在 pkg/predicate/predicate.go 下。接口见代码清单 3-35，4 个方法分别对应 4 种类型的事件过滤，如果通过过滤，则返回 True。

代码清单 3-35

```
type Predicate interface {
     Create(event.CreateEvent) bool
     Delete(event.DeleteEvent) bool
     Update(event.UpdateEvent) bool
     Generic(event.GenericEvent) bool
}
```

Controller-runtime 内置了 5 种 Predicate 的实现。

（1）Funcs：是一个基本结构，结构包含 4 个函数对象成员，分别是 Predicate 的 4 个方法的实现。开发者需要根据自己的需求设置相应的成员，对于未设置的成员，默认会接受所有对应的事件（见代码清单 3-36）。

代码清单 3-36

```
type Funcs struct {
   CreateFunc func(event.CreateEvent) bool
   DeleteFunc func(event.DeleteEvent) bool
   UpdateFunc func(event.UpdateEvent) bool
   GenericFunc func(event.GenericEvent) bool
}
```

（2）ResourceVersionChangedPredicate：只实现了 Update 事件过滤的方法，过滤掉资源对象 ResourceVersion 未改变的 Update 事件，其他如 Create、Delete 类型的事件直接接受。

（3）GenerationChangedPredicate：类似于 ResourceVersionChangedPredicate，也只实现了 Update 事件的过滤。

GenerationChangedPredicate 会跳过资源对象 metadata.generation 未改变的事件。当对对象的 Spec 字段进行写操作时，Kubernetes API 服务器会累加对象的 metadata.generation 字段。因此，GenerationChangedPredicate 允许 Controller 忽略 Spec 未更改而仅元数据 Metadata 或状态字段 Status 发生更改的更新事件。需要注意的是，对于开发者定义的 CRD，只有当开启了状态子资源时，metadata.generation 字段才会增加。

上面提到的仅在写入 Spec 字段时 metadata.generation 字段才增加的情况，并不适用于所有的 API 对象，例如 Deployment 对象，在写入 metadata.annotationss 时，metadata.generation 也会增加。另外，由于使用了此 Predicate，Controller 的同步不会被只包含状态（Status）更改的事件触发，因此，无法用于同步或恢复对象的状态值。

（4）AnnotationChangedPredicate：只实现了 Update 事件的过滤，此 Predicate 跳过对象的 Annotations 字段无变化的更新事件，可以与 GenerationChangedPredicate 一起使用，用于同时需要响应对象 Spec 与 Annotation 字段更新的 Controller（见代码清单 3-37）。

代码清单 3-37

```
Controller.Watch(
   &source.Kind{Type: v1.MyCustomKind},
   &handler.EnqueueRequestForObject{},
```

```
predicate.Or(predicate.GenerationChangedPredicate{}, predicate.
AnnotationChangedPredicate{}))
```

（5）LabelChangedPredicate：只实现了 Update 事件的过滤，跳过标签（Label）未改变的 Update 时间，也可以和上面 AnnotationChangedPredicate 一样，结合 GenerationChanged Predicate 用于同时响应对象 Spec 与 Label 字段更新的 Controller。

除以上 5 种 Predicate 外，还有两个代表逻辑运算符的方法——Or() 与 And()，两个方法可以传递多个 Predicate 接口，最终返回一个 Predicate，代表逻辑运算结果。

从上面的例子可以看到，Predicate 可以通过 Controller 的 Watch() 方法设置。另外，也可以在创建 Controller 时，将 Predicate 通过 Builder.WithEventFilter() 传递到 Controller 中，或是通过 pkg/builder/options.go 下的 WithPredicates() 方法，转换成实现 ForOption、OwnsOption、WatchesOption 接口的 builder.Predicates 结构，在 Builder.For()、Builder.Owns()、Builder.Watches() 方法中设置。

Predicate 主要有以下特性。

（1）接受一个事件，并将该事件是否通过过滤条件的结果返回。如果通过，该事件将被加入待处理事件队列中。

（2）Predicate 是可选项，可以不设置。如果不设置，默认事件都将被加入待处理事件队列中。

（3）用户可以使用内置的 Predicate，但是可以设置自定义 Predicate。

3. EventHandler

EventHandler（事件句柄）是 Controller.Watch 的参数，当事件产生时，EventHandler 将返回对象的 Name 和 Namespace，作为 Request 被添加到待处理事件队列中。例如，将来自 Source 的 Pod Create 事件提供给 EnqueueHandler，EventHandler 将生成一个 Request 添加到队列中，这个 Request 包含该 Pod 的 Name 和 Namespace。

EventHandler 的接口定义在目录 pkg/handler/eventhandler.go 下，分别定义了 4 类事件加入队列的方式（见代码清单 3-38）。

代码清单 3-38

```
type EventHandler interface {
    // 定义如何响应 Create 事件
    Create(event.CreateEvent, workqueue.RateLimitingInterface)
```

```go
    // 定义如何响应 Update 事件
    Update(event.UpdateEvent, workqueue.RateLimitingInterface)

    // 定义如何响应 Delete 事件
    Delete(event.DeleteEvent, workqueue.RateLimitingInterface)

    // 定义如何响应 Generic 事件
    Generic(event.GenericEvent, workqueue.RateLimitingInterface)
}
```

在目录 pkg/handler/eventhandler.go 下，提供了内置的 3 种 EventHandler 接口的实现。

（1）Funcs：包含 4 个函数对象类型的成员，分别实现了 EventHandler 接口的 4 个方法，开发者根据需要设置 4 个成员，如果某个成员未设置，默认将对对应的事件不进行反应。

（2）EnqueueRequestForOwner：将事件中资源对象的 Owner 加入队列。例如，因 ReplicaSet 而创建的 Pod，发送过来的 Pod 事件被 EnqueueRequestForOwner 处理后，加入相应的 ReplicaSet 资源队列。

（3）EnqueueRequestsFromMapFunc：用于自定义资源的映射，是一个私有类，需要通过 EnqueueRequestsFromMapFunc(fn MapFunc) EventHandler 方法创建。其中 MapFunc 是一个函数对象，将一个资源对象映射为多个 reconcile.Request，定义见代码清单 3-39。

代码清单 3-39

```go
type MapFunc func(client.Object) []reconcile.Request
```

EnqueueRequestsFromMapFunc 对应 4 类事件，它会将事件中的资源对象取出（Update 会同时取出更改前、更改后的两个资源对象），用 MapFunc 进行映射，将映射的所有 reconcile.Request 加入队列。例如，当集群规模发生变动，导致 Node 资源变化时，需要触发 Service 进行同步的场景。

EventHandler 可以通过 Builder.Watches() 方法在创建 Controller 时设置，也可以在 Controller 的 Controller.Watch() 方法中传入设置。但最终都会传入 Source.Start() 方法中，用于设置 Source 处理事件的逻辑。

EventHandler 主要有以下特性。

（1）通过将 Request 加入队列处理一个或多个对象的事件。

（2）可以将一个事件映射为另一个相同类型对象的 Request。

（3）可以将一个事件映射为另一个不同类型对象的 Request。例如，将一个 Pod 事件映射为一个纳管这个 Pod 的 ReplicaSet 类型 Request。

（4）用户应该只使用提供的 Eventhandler 实现，而不是使用自定义 Eventhandler 实现。

4. Source

resource.Source（事件源）是 Controller.Watch 的参数。它提供了一个事件流。事件通常来自 Watch Kubernetes API（如 Pod Create、Update、Delete）。例如，source.Kind 为 GroupVersionKind 使用了 Kubernetes API 的 Watch 端点，以提供 Create、Update、Delete 事件。

Source 接口定义在目录 pkg/source/source.go 下，见代码清单 3-40。

代码清单 3-40

```
type Source interface {
    // Start() 是 Controller-runtime 的内部方法，应该仅由 Controller 调用，用于在 Informer
中注册 EventHandler，将 reconcile.Requests 加入工作队列 workqueue.RateLimitingInterface
    Start(context.Context, handler.EventHandler, workqueue.RateLimitingInterface,
...predicate.Predicate) error
}
```

Source 的实现在 pkg/source/source.go 下，主要包括 3 种。

（1）Informer：用于提供来自集群内部的事件，例如，Pod Create 事件。

（2）Kind：与 Informer 类似，也用于提供来自集群内部的事件。不同的是 Informer 结构直接继承 cache.Informer，需要开发者自己设置；而 Kind 会根据设置的资源对象类型，自动生成 cache.Informer。

Builder 创建 Controller 时，会根据 Builder.For()、Builder.Owns()、Builder.Watches() 方法中设置的资源对象类型在 Builder.Build() 中创建相应的 Kind，并调用 Controller.Watch() 方法将 Kind 传入 Controller。

（3）Channel：用于提供集群外部的事件，例如，GitHub WebHook 回调。Channel 要求用户连接外部的源（如 Http Handler），以便将 GenericEvents 写入底层的 Channel 结构中。

除了以上 3 种事件源外，用户还可以实现自己的 Source，如果用户自己实现相应的 Inject 接口，Controller 会在调用 Watch() 方法时，将依赖注入。其中 Inject 接口是 Manager 为 Controller 传递依赖的方式，主要定义在目录 pkg/runtime/inject/inject.go 下。

事件源主要有以下特性。

（1）一般通过 Watch API 为 Kubernetes 对象提供事件流（例如，对象创建、更新和删除）。

（2）用户应该只使用提供的事件源实现，而非使用自定义实现。

3.3.4　Client

1. Client 的初始化

在介绍 Client 之前，需要引入 restClient 结构，它是最底层的基础结构，可以直接通过 restClient 提供的 RESTful 方法，如 Get()、Put()、Post()、Delete() 进行交互，支持 JSON 和 protobuf 传输数据，以及所有原生资源和 CRD。一般情况下，要先通过 Clientset 封装 restClient，然后对外提供接口和服务。

那么本节介绍的 Client 和 restClient 是什么关系呢？首先我们通过代码清单 3-41 来分析。当我们启动自定义的 CRD Controller 时，一般可以通过如下方式来定义它的结构体。

代码清单 3-41

```
type DemoReconciler struct{
    client.Client
    Log
}
```

这里 Client 的作用比较清晰，就是在 CRD Controller 执行协调的过程中，需要通过 ClientCRUD（Create、Retrieve、Update、Delete）CRD，即 Get、Create 等方法。所以 DemoReconciler 的结构体第一个元素的对象，指向的是 Controller-runtime 包中的 Client 接口对象，它设计了必要的方法，如 Get、List、Update 等，见代码清单 3-42。

代码清单 3-42

```
type Client interface {
    Reader
    Writer
    StatusClient
}
type Reader interface {
    Get(ctx context.Context, key ObjectKey, obj Object) error
```

```go
        List(ctx context.Context, list ObjectList, opts ...ListOption) error
}

// Writer 接口定义如何创建、删除、更新 Kubernetes 对象
type Writer interface {
        Create(ctx context.Context, obj Object, opts ...CreateOption) error
        Delete(ctx context.Context, obj Object, opts ...DeleteOption) error
        Update(ctx context.Context, obj Object, opts ...UpdateOption) error
}
```

2. Client 的结构分析

有了 Client 结构之后，结合我们介绍的 restClient，读者能够联想到 Client 本质上就是 restClient，只是 Client 做了很多上层的封装，便于用户使用。下面我们进一步分析 Client 是如何赋值的，即它的实例化对象。首先，我们简单回顾一下前面章节介绍的 Manager 的作用，它初始化了 Client、注册了 CRD Scheme 及 Reconciler 的对象。因此，这里的 Client 可以通过 Manager 初始化产生，可通过 manager.GetClient 方法获得，具体方法的实现不作为本节重点，读者可参考 Github。这个方法的实质过程是通过 k8s 的 kubeconfig 文件生成可访问的 restClient 对象，因此，它具备了对 k8s 所有资源的操作方法，即 CRUD 的过程。

至此，我们通过分析上述案例，明确了 Client 和 restClient 的关系，那么在 Controller-runtime 的包中，Client 实例化后的结构体如何理解各元素呢？见代码清单 3-43。

代码清单 3-43

```go
type client struct {
    typedClient        typedClient
    unstructuredClient unstructuredClient
    metadataClient     metadataClient
    scheme             *runtime.Scheme
    mapper             meta.RESTMapper
}
```

typedClient 表明是 k8s 内部资源已经封装好的 Client，比如 Core Group 下的所有资源，包括 Pod、Deploy 等，换句话说，如果是自定义的 CRD，则 Client 无法处理它。因此，必须设计一个新的 Client，能够处理 CRD 的资源对象，UnstructuredClient 实现了这一点，

它的功能就是通过 restClient，借助 APIServer 访问所有的 k8s 资源，MetadataClient 的作用是操作元数据资源，Scheme 对定义的资源对象 GVK 等关系进行访问，Mapper 用于反射 Meta 资源的处理逻辑。

3.3.5 Cache

1. Cache 是什么

Kubernetes 是典型的 Server-Client 的架构，APIServer 作为集群统一的操作入口，任何对资源所做的操作（包括增删改查）都必须经过 APIServer。为了减轻 APIServer 的压力，Controller-runtime 抽象出一个 Cache 层，Client 端对 APIServer 数据的读取和监听操作都将通过 Cache 层来进行。

Cache 接口的实现见代码清单 3-44。

代码清单 3-44

```
type Cache interface {
      client.Reader

      Informers
}
```

Cache 接口定义了如下两个接口。

（1）client.Reader：用于从 Cache 中获取及列举 Kubernetes 集群的资源。

（2）Informers：可为不同的 GVK 创建或获取对应的 Informer，并将 Index 添加到对应的 Informer 中。

2. Cache 的初始化

在 Controller Manager 的初始化启动过程中，将会构建 Cache 层，以供 Manager 使用。在用户没有指定 Cache 初始化函数的前提下，将使用 Controller-runtime 默认提供的 Cache 初始化函数，本节将依据默认提供的函数，阐述 Cache 初始化的流程。

Controller-runtime 提供的 Cache 初始化函数位于 pkg/cache/cache.go#L111 下，完整的初始化流程如图 3-5 所示。

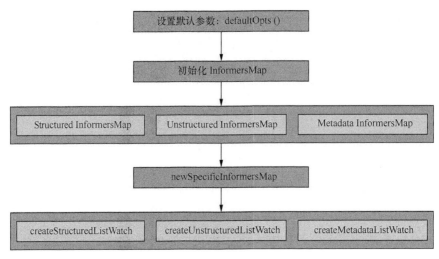

图 3-5 Cache 初始化流程

（1）设置默认参数：若 Scheme 为空，则设置为 scheme.Scheme；若 Mapper 为空，则通过 apiutil.NewDiscoveryRESTMapper 基于 Discovery 的信息构建出一个 RESTMapper，用于管理所有 Object 的信息；若同步时间为空，则将 Informer 的同步时间设置为 10 小时。

（2）初始化 InformersMap，为 3 种不同类型的 Object（structured、unstructured、metadata-only）分别构建 InformersMap。

（3）初始化 specificInformersMap：该接口通过 Object 与 GVK 的组合信息创建并缓存 Informers。

（4）定义 List-Watch 函数：为 3 种不同类型的 Object 实现 List-Watch 函数，通过该函数可对 GVK 进行 List 和 Watch 操作。

通过 Cache 的初始化流程，我们可以看出 Cache 主要创建了 InformersMap，Scheme 中的每个 GVK 都会创建对应的 Informer，再通过 informersByGVK 的 Map，实现 GVK 到 Informer 的映射；每个 Informer 都会通过 List-Watch 函数对相应的 GVK 进行 List 和 Watch 操作。

3. Cache 的启动

Cache 启动的核心是启动创建的所有 Informer（见代码清单 3-45）。

代码清单 3-45

```
func (ip *specificInformersMap) Start(ctx context.Context) {
```

```
          func() {
              ...
                 // Start each informer
                 for _, informer := range ip.informersByGVK {
                     go informer.Informer.Run(ctx.Done())
                 }
              ...
          }
```

Informer 的启动流程主要包含以下 3 个步骤，具体实现细节可参考 2.2.6 节。

（1）初始化 Delta FIFO 队列。

（2）创建内部 Controller：配置 Delta FIFO 队列和事件的处理函数。

（3）启动 Controller：创建 Reflector，负责监听 APIServer 上指定的 GVK，将 Add、Update、Delete 变更事件写入 Delta FIFO 队列中，作为变更事件的生产者；Controller 中的事件处理函数 HandleDeltas() 会消费这些变更事件，负责将更新写入本地 Indexer，同时将这些 Add、Update、Delete 事件分发给之前注册的监听器。

3.3.6　WebHook

1. WebHook 是什么

WebHook 与过滤器的作用类似，任何对 CRD 进行变更的操作都会交由 WebHook 提前处理，处理完后，才会转给 Controller 继续处理，WebHook 流程如图 3-6 所示。

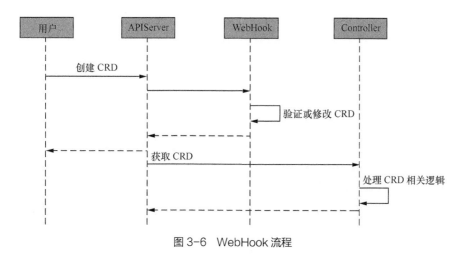

图 3-6　WebHook 流程

根据 Kubernetes 官方博客的介绍，WebHook 具有以下两个功能。

（1）修改（Mutating）：对 CRD 进行修改，如为资源自动打标签等。

（2）验证（Validating）：对 CRD 进行验证，如判断该字段的设定是否在取值范围内。

引用 Kubernetes 官方博客的一张图来说明 Mutating 及 Validating 操作所在的位置，如图 3-7 所示。

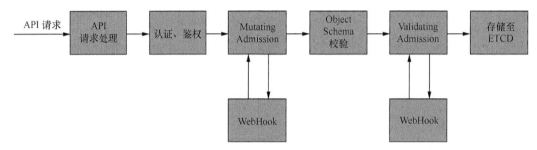

图 3-7　Mutating 及 Validating 操作所在的位置

具体说明如下。

（1）APIServer 接收到 API 请求。

（2）请求经过认证、鉴权。

（3）执行 MutatingAdmission 的 WebHook List。

（4）对请求对象的 Schema 进行校验。

（5）执行 ValidatingAdmission 的 WebHook List。

（6）最后写入 ETCD。

2. Controller-runtime 中的 WebHook 框架

Controller-runtime 为用户提供了一个简单快捷的 WebHook 框架，可通过该框架，快速创建 WebHook，并将处理函数注入 WebHook Server 中，通过 WebHook 的处理函数，即可实现 CRD 的修改和验证操作。

（1）Server 的创建

通过 Controller-runtime 提供的 WebHook Server 包，可快速地构建出一个 HTTPServer，该 Server 用于接收来自 Kube-APIServer 的请求，并将请求转发到对应的 Handler 进行处理。

WebHook Server 主要用于保存注册的 WebHook（见代码清单 3-46）。

代码清单 3-46

```
type Server struct {
    ...
    // 下面的 webhooks 会跟踪所有已注册的 webhooks，以便进行依赖注入，并在重复的 Webhook
注册时提供更好的告警
    webhooks map[string]http.Handler
    ...
}
```

开发者可通过 WebHook 包中的 func (s *Server) Register(path string, hook http.Handler){}，将开发好的 WebHook 注册到 Server 中，WebHook 其实就是一个 HTTP 请求的处理函数。

（2）Handler 的实现

开发者在实现 Handler 的时候，只需要实现 WebHook 包定义好的 Interface 即可（见代码清单 3-47）。

代码清单 3-47

```
// HandlerFunc 函数用来实现 Handler 接口
type HandlerFunc func(context.Context, Request) Response
```

在此基础上，WebHook 包提供了 Handler 函数返回体的各种封装，开发者可基于这些封装实现自定义的业务逻辑。

对于 Admission 的 WebHook，定义了两种最基本的返回体封装函数。

（1）允许：该封装函数表明对 CRD 的某种操作是允许的（见代码清单 3-48）。

代码清单 3-48

```
func Allowed(reason string) Response {
  return ValidationResponse(true, reason)
}
```

（2）拒绝：该封装函数表明对 CRD 的某种操作是拒绝的（见代码清单 3-49）。

代码清单 3-49

```
func Denied(reason string) Response {
  return ValidationResponse(false, reason)
```

}

3. WebHook 示例

基于前面的介绍，本节将给出一个 WebHook 的简单示例（见代码清单 3-50）。

代码清单 3-50

```
// 创建 Manager
mgr, err := ctrl.NewManager(ctrl.GetConfigOrDie(), ctrl.Options{})
if err != nil {
    panic(err)
}

// 创建 WebHook Server
hookServer := &Server{
    Port: 8443,
}
if err := mgr.Add(hookServer); err != nil {
    panic(err)
}

// 创建 WebHook 的处理函数
validatingHook := &Admission{
        Handler: admission.HandlerFunc(func(ctx context.Context, req
AdmissionRequest) AdmissionResponse {
            return Denied("none shall pass!")
        }),
    }

// 将 Handler 注册到 WebHook Server 中
hookServer.Register("/validating", validatingHook)

// 启动 Manager, 启动 WebHook Server
err = mgr.Start(ctrl.SetupSignalHandler())
if err != nil {
    panic(err)
}
```

3.4 本章小结

本章主要介绍了 Kubebuilder 的架构，其可以分为 CRD、Controller 模块、Kubebuilder Scaffolds（脚手架）模块、Controller-runtime 模块，同时介绍了这些模块之间如何互相协助，最终完成 CRD 的部署和运行。

在了解了 Kubebuilder 的架构后，本章重点讲述了 Kubebuilder 的原理、CRD 的创建过程，以及 Client、Controller、Manager 等模块的初始化过程或者启动流程，通过对这些模块的深入学习，读者可以更快速地编写自定义的 CRD，并理解 Controller 的工作原理。

Kubebuilder 是基于 Controller-runtime 使用 CRD 构建 Kubernetes API 的 SDK，在讲述了 SDK 的原理后，本章进一步解读了 Controller-runtime 的原理，分别介绍了 Manager 的框架、Controller 的运行机制、Client 和 Cache 的初始化原理等，理解了这些模块的原理后，开发者可以更快地构建出 Controller，将第三方资源接入 Kubernetes 中，从而体验声明式 API 带来的便捷。

在了解了 Kubebuilder 的使用方法、基本原理后，第 4 章将以具体的实例，为读者介绍如何开发 CRD 和撰写 Controller。

第 4 章

Chapter 4

Operator 项目实践

4.1 Harbor-Operator 项目定义

4.1.1 背景

本书前面的章节详细地介绍了云原生应用开发的相关概念和底层原理实现。

事实上，Kubernetes 生态的发展逐渐统一了应用部署的标准，Kuberentes Operator 的出现便是为分布式应用的开发和部署提出了一套更加行之有效的实践规范。目前，几乎所有的分布式项目，官方或社区都维护着大量的 Kubernetes Operator 实现，如 ETCD、MySQL、Kafka、Redis、MQ 等，并且汇总在社区的 Operator 清单中。

Operator 之所以受到用户青睐，其中一个重要原因是它支持开发者通过自定义 Controller 和自定义资源定义（CRD, Custom Resource Definition）去扩展控制平面，从而实现声明式 API 的目标。相比较于默认的 Controller，Operator 在很大程度上提升了开发者的自由度，开发者不仅能够管理内置的对象，还能够管理其他的资源。

本章将通过开发一个实际案例 Harbor-Operator，从零开始带领读者深入理解一个 Kubernetes Operator 项目的开发和部署实践。

4.1.2 项目相关介绍

为了方便读者理解 Harbor-Operator 项目，我们需要进行以下相关介绍。

1. Harbor 项目

Harbor Registry（又称 Harbor 镜像仓库）是目前使用最为广泛的云原生制品仓库项目，它是由 VMware 的中国研发团队发起的，该项目于 2016 年 3 月实现开源，并在 2018 年 8 月加入了 CNCF（云原生计算基金会），是第一个国内原创的云原生计算基金会项目。

Harbor 组件架构如图 4-1 所示，相比于传统的 Registry 容器镜像仓库，Harbor 提供了安全且可信的云原生制品管理，主要有 4 个功能：多用户的管控（基于角色访问控制和资源隔离）、镜像管理策略（存储配额、制品保留、漏洞扫描、垃圾回收等）、安全（身份认证）、交互性（WebHook、镜像同步、RestApi 等）。

Harbor 的主要组件如下。

（1）nginx：基于传统的 Nginx 提供反向代理，负责 Harbor 中所有服务的对外暴露。

（2）core:Harbor 的核心服务：提供了 APIServer、认证管理、配置管理、项目管理、镜像管理、配额管理、同步 Controller 等功能。

（3）portal：Harbor 自带的前端组件，提供 UI 服务。

（4）redis：Harbor 内置的 Redis 镜像，用于存储缓存数据。

（5）db：Harbor 内置的 pgsql 组件，用于存储除镜像制品之外的所有核心数据。

（6）jobservice：提供简单的 Restapi，为内部组件提供异步任务调度管理。

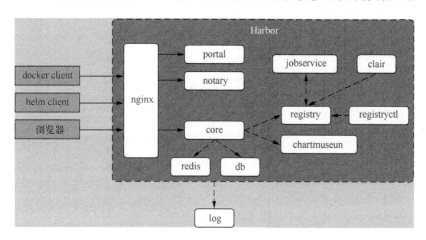

图 4-1　Harbor 组件架构

（7）registry：一个第三方的镜像服务，用于存储 docker 镜像的层数据。

（8）registryctl：提供垃圾回收管理功能。

（9）灵活的插件集成：如 clair 具备镜像漏洞扫描功能、chartmuseum 具备 helm chart 包管理功能、notary 具备镜像签名等功能。

2. Helm 介绍

Helm 是一个 Kubernetes 应用的包管理工具，类似于 Ubuntu 系统的 apt-get 和 Centos 系统的 yum。Helm 管理的是 Chart 包（根据特定规则编写好的 Kubernetes 应用资源部署包），类似于 Centos 中的 rpm 安装包。与传统的通过 Yaml 文件部署 Kubernetes 应用的方式相比，Helm Chart 最大的优势是可以通过特定的模板语言，预先定义好部署应用的一系列 Yaml 文件，同时将相关变量抽离出来作为统一配置入口。因此，Helm 具备了部署大型复杂应用的能力。

Helm 目前已经演进到 v3 版本，与 v2 版本相比较，Helmv3 版本去除了 Tiller 和

Kubernetes APIServer 通信的组件，直接通过 Helm Client 和 Kubernetes 通信。

Helm 的相关概念如下。

（1）Chart：类似于 yum 的 rpm 包，其中定义了部署资源和一些依赖的信息（Deployment、Service 等）。Chart 包定义了一套专门的编写规范，我们需要按照规范开发自定义的 Chart 包，才能够被 Helm 部署。

（2）Repo：类似于 yum 源，Helm 也支持 Repo 源，以远程存储 Chart 包，并具备管理功能。可通过 Chartmuseum 开源项目搭建 Chart Server 服务，提供 Repo 管理。

（3）Release：Chart 包部署到 Kubernetes 集群中的实际版本作为应用在 Kubernetes 中的唯一标识。

Helm 常用的操作指令如下。

（1）helm create：创建并初始化一个新的 Chart 包。

（2）helm repo add：添加一个远程 Helm Chart 仓库。

（3）helm search：在指定仓库中查找响应的 Chart 包。

（4）helm install：安装具体的 Chart，部署到 Kubernetes 中。

（5）helm upgrade：对部署到 Kubernetes 中的 Release 进行升级。

（6）helm status：查看已经部署的 Release 的状态。

（7）helm uninstall：卸载已经安装的 Release 版本。

3. Harbor 部署方案

当前越来越多的企业基于 Harbor 构建自己的镜像仓库，如何部署高可用的 Harbor 成为业内广泛讨论的话题。在 Harbor 官方的 Github 代码仓库中，提供了一个 Harbor 集群安装指南。这是一种基于 Docker-Compose 的一键部署方式，虽然可以方便、快捷地为用户快速构建一套完整的 Harbor，但这种方式只能部署单节点的测试环境，而要在生产环境中使用 Harbor 提供镜像服务，通常需要进行高可用改造，主要包括组件的高可用以及数据的高可用。

目前业内传统的高可用部署架构如图 4-2 所示。

这种部署架构依靠多台部署节点部署 Harbor 无状态组件，以及通过外部的数据库提供高可用的数据存储。每部署一套 Harbor，部署人员需要预先准备部署机器、Redis 集群、pgsql 集群、共享存储等环境，才能开始按照部署指南一步一步安装部署。此外，受限于 Docker-Compose 本身的机制，除非增加部署机器，否则 Harbor 组件副本数量很难进行动态的扩容,甚至需要编写一套复杂的管理脚本并学习大量和项目本身无关的运维知识。这些脚本、知识和经验并没有一个很好的方法有效地沉淀下来,而任何一种技术的传播,如果不是依靠固化的代码和逻辑,那么它的维护成本和使用门槛将会非常高。

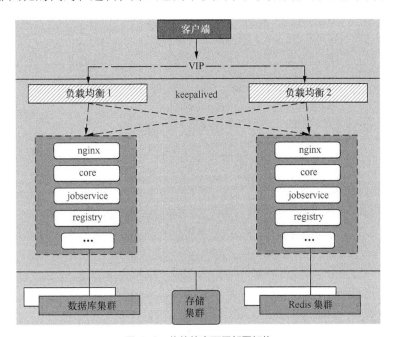

图 4-2 传统的高可用部署架构

在 Kubernetes 已经成为云原生基础设施的事实标准下,面向云原生场景诞生的 Harbor 怎么能不支持基于 Kubernetes 的部署呢?于是,Harbor 官方首先提供了在 Kubernetes 中部署 Harbor 的一系列 Yaml 文件,文件数量多达 30,且各个组件之间存在复杂的依赖关系,一个没有专门学习过 Harbor 和 Kubernetes 知识的部署人员,很难基于 Kubernetes 部署高可用的 Harbor,因此,Harbor-on-Kubernetes 项目支持到 Harbor1.2 版本便不再维护了。

取而代之的便是基于 Helm 开发的 Harbor-Helm 项目。Helm 是 Kubernetes 生态中的一个包管理工具,类似于 Ubuntu 的 apt 和 Centos 中的 yum。任何复杂的云原生应用的部署都可以基于 Helm-Chart 开发规范封装成 Chart 包,并由 Helm 统一管理。Harbor-Helm 便是官方提供的 Harbor 部署 Chart 包,使用者无须再编写复杂的部署文件,便可以在 Kubernetes 上安装部署 Harbor 服务。

虽然 Harbor-Helm 项目带来的部署体验相比于 Docker-Compose 是一次非常大的跨

越。但和 Docker-Compose 一样，Helm 定义的同样是一种应用静态关系的编排文件，在实际的生产项目中，很难动态地管理大量的 Harbor 集群以及和第三方系统进行集成。而一个真正灵活的部署方式，应该是 Kubernetes 原生的方式（见代码清单 4-1）。

代码清单 4-1

```
$ kubectl apply -f testharbor.yaml
```

通过这样一条 Kubernetes 创建命令，即可创建完整的 Harbor 集群。

4. Harbor-Operator 项目

Harbor-Operator 项目主要实现以下目标。

（1）结合本书前面章节所述关于云原生应用开发的相关技术原理，通过实际的项目案例为读者展示如何开发一个 Operator 项目。

（2）介绍目前业内使用最广泛的云原生制品仓库 Harbor，通过开发一个 Operator，为读者展示如何管理多个 Harbor 集群的生命周期。

（3）以云原生的方式管理 Harbor 集群，通过 CRD 定义 Harbor 相关属性，Operator Controller 自动完成用户定义 Harbor 的部署、升级、销毁等操作。

（4）在 Harbor-Operator 中通过使用 Kubebuilder、封装 Helmv3 接口、Client-go 应用等操作，为读者提供前面所述相关技术的应用示范。

基于以上目标，Harbor-Operator 主要实现以下功能。

（1）通过 Kubebuilder 工具构建 Harbor-Operator 代码框架。

（2）梳理 Harbor 关键属性，定义 CRD HarborService。

（3）实现 Operator Controller 的调谐函数 Reconcile，对 CRD 的创建、更新、删除等状态进行监听，并对不同的状态进行相应的逻辑处理。

（4）定义了资源同步器接口，主要包括资源创建、资源更新、资源删除等。

（5）梳理 Harbor 集群部署流程，将部署流程分解为多个阶段，并实现不同阶段的同步器接口，包括数据库同步器、对象存储同步器、Kubernetes 同步器、Harbor 集群同步器等。

（6）当监听到 HarborService 资源创建时，启动同步器完成 Harbor 集群的部署。

（7）当监听到 HarborService 资源更新时，启动同步器完成 Harbor 集群的更新。

（8）当监听到 HarborService 资源删除时，启动同步器完成 Harbor 集群的卸载。

（9）提供自动编译、镜像制作、部署文件、说明文档等，方便用户将 Harbor-

Operator 部署到 Kubernetes 中进行测试。

4.2 Harbor-Operator 组件架构解析

4.2.1 项目架构

Harbor-Operator 项目架构如图 4-3 所示，Harbor-Operator 将作为一个 Pod（可能不止一个）部署在 k8s 集群中，它将持续监听 HarborService CR，主要监听其创建事件、更新事件和删除事件，如在用户使用 kubectl apply -f CR.yaml 命令将 CR 提交给 APIServer 后，Harbor-Operator 中的 Controller 就可以感知到 CR 创建事件，然后根据 CR 中的配置进行 Harbor 集群的部署。

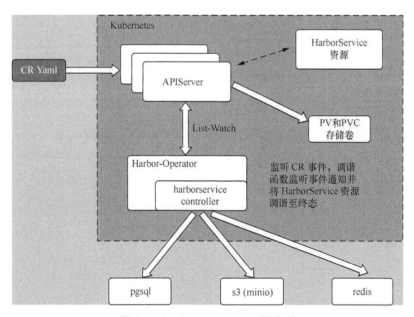

图 4-3　Harbor-Operator 项目架构

Operator 需要依赖外部的 pgsql、redis 和对象存储，依赖环境的部署会在后面的项目实践部分进行介绍，其中 pgsql 是用于 Harbor 元数据存储的；redis 是用于存储 Harbor 缓存数据的；对象存储是提供给 Harbor 中的 Registry 组件作为后端存储使用的。此外，每个 Harbor 集群需要独立的 Namespace 进行业务隔离，以及独立的 PVC 存储卷用于存储相关日志信息。

以部署流程为例，主要流程描述如下。

（1）Harbor-Operator 监听 HarborService 资源的创建事件。

（2）Harbor-Operator 使用 pgsql 同步器初始化 pgsql 数据库，为 Harbor 提供元数据表。

（3）Harbor-Operator 使用 S3 同步器初始化 Harbor 的 Registry 组件需要使用的 Bucket。

（4）Harbor-Operator 使用 k8s Namespace 同步器初始化 Harbor 实例要部署的 Namespace。

（5）Harbor-Operator 使用 k8s 存储卷同步器初始化 Harbor 的 Jobservice 组件需要使用的存储卷。

（6）Harbor-Operator 通过 Harbor 实例同步器使用 Helm 将本地的 Harbor Chart 部署成 Harbor 实例。

4.2.2 开发流程

Harbor-Operator 开发流程基本遵循了 Kubernetes Operator 开发流程规范，使用 Kubebuilder 工具构建代码框架，本书使用 Kubebuilder v2.3.2 版本，主要流程如下。

（1）创建并初始化 Harbor-Operator 项目。

（2）通过 Kubebuilder 工具生成 API 和 Controller 的代码模板。

（3）定义 Harbor-Operator 需要实现的资源 HarborService 所需要的 CRD 结构，以及 CRD 的定义文件。

（4）在 Controller 中实现协调函数 Reconcile，监听 CRD 的变化。

（5）定义同步器接口，并实现相应接口，包括数据库同步器、对象存储同步器、k8s 资源同步器、Harbor 集群同步器等。

（6）完善 Makefile、Dockerfile、部署文件等。

（7）在 Kubernetes 集群中部署测试。

1. 代码生成

（1）使用 init 命令初始化 Harbor-Operator（见代码清单 4-2）。

代码清单 4-2

```
$ mkdir harbor-operator
$ cd harbor-operator
```

```
$ kubebuilder init --domain example.com
Writing scaffold for you to edit...
Get controller runtime:
go get sigs.k8s.io/controller-runtime@v0.5.0
Update go.mod:
go mod tidy
Running make:
make
go: creating new go.mod: module tmp
go: found sigs.k8s.io/controller-tools/cmd/controller-gen in sigs.k8s.io/controller-
tools v0.2.5
/usr/local/bin/controller-gen object:headerFile="hack/boilerplate.go.txt"
paths="./..."
go fmt ./...
go vet ./...
go build -o bin/manager main.go
```

（2）生成代码 API 和 Controller（见代码清单 4-3）。

代码清单 4-3

```
$ kubebuilder create api --group harbor --version v1 --kind HarborService
Create Resource [y/n]
y
Create Controller [y/n]
y
Writing scaffold for you to edit...
api/v1/harborservice_types.go
controllers/harborservice_controller.go
Running make:
make
go: creating new go.mod: module tmp
go: found sigs.k8s.io/controller-tools/cmd/controller-gen in sigs.k8s.io/
controller-tools v0.2.5
/usr/local/bin/controller-gen object:headerFile="hack/boilerplate.go.txt"
paths="./..."
go fmt ./...
go vet ./...
go build -o bin/manager main.go
```

使用 Create API 可以在 API 目录下帮助用户生成自定义业务模型的相关定义文件。命令中参数的含义如下。

（1）verison：表示 CRD 的 ApiVerison，格式是 GROUP_NAME/VERSION，比如

harbor.example.com/v1。

（2）kind: 表示 CRD 类型，代表为 HarborService。

执行代码清单 4-3 的命令后，会自动在 Harbor-Operator 目录下生成 Controller 代码。

2. 代码结构

在 Kubebuilder 生成代码的基础上，进行 Harbor-Operator 逻辑代码的开发，Harbor-Operator 项目代码结构见代码清单 4-4。

代码清单 4-4

```
.
├── Dockerfile
├── Makefile
├── PROJECT
├── README.md
├── api
│   └── v1
│       ├── groupversion_info.go
│       ├── harborservice_types.go
│       ├── status.go
│       └── zz_generated.deepcopy.go
├── bin
│   └── harbor-operator
├── config
│   ├── config.go
│   └── kubeconfig.yaml
├── controllers
│   ├── harborservice_controller.go
│   └── internal
│       └── sync
│           ├── database.go
│           ├── instance.go
│           ├── namespace.go
│           ├── s3.go
│           └── volume.go
├── deploy
│   ├── crds
│   │   ├── harbor.example.com_harborservices_crd.yaml
│   │   └── testharbor.yaml
│   ├── dependency
│   │   ├── minio
│   │   │   └── runminio.sh
```

```
|   |   └── pgsql
|   |       └── docker-compose.yaml
|   |   └── redis
|   |       ├── redis.conf
|   |       └── runredis.sh
|   ├── harbor-helm-1.5.3
├── go.mod
├── go.sum
├── image
|   └── testharbor.png
├── main.go
└── pkg
    ├── dao
    |   └── pgsql.go
    ├── instance
    |   ├── controller
    |   |   ├── const.go
    |   |   ├── instance.go
    |   |   └── releases.go
    |   └── helm
    |       ├── helm.go
    |       ├── releases.go
    |       ├── types.go
    |       └── values.go
    ├── storage
    |   └── s3
    |       └── minio.go
    └── syncer
        ├── const.go
        ├── database
        |   └── syncer.go
        ├── instance
        |   └── syncer.go
        ├── interface.go
        ├── kubernetes
        |   ├── event
        |   |   └── event.go
        |   ├── namespace.go
        |   └── volume.go
        ├── s3
        |   └── syncer.go
        └── synce.go
```

仓库的代码结构如下。

（1）config：存放 Operator 配置文件和本地测试需要的 Kubeconfig 文件。

（2）deploy：该目录包含了 Harbor-Operator 在 k8s 集群中部署的 Yaml 文件、CRD 的注册模板和 Helm 部署 Harbor 时使用的 Chart 文件，以及测试环境依赖的 Redis、pgsql、Minio 部署文件等。

（3）api：包含了 CRD 对应的 API 定义，用户需要在指定的 api/v1/harborservice_types.go 文件中为每个应用资源类型进行相应的 API 定义，Spec 字段和 Status 字段定义了 HarborService 资源的参数和状态属性。

（4）controllers：该目录包含了对 Controller 的实现，通过 controllers/harborservice_controller.go 中 Controller 的调谐函数逻辑实现对 HarborService 资源的监听和管理。

（5）pkg/syncer：该目录定义 HarborService 资源管理的同步器接口，并实现不同部署阶段的同步器接口，包含 pgsql 同步器、S3 同步器、k8s 资源同步器和 Harbor 实例同步器等。

（6）pkg/dao：pkg/dao/pgsql.go 用于创建/删除 Harbor 需要的数据库和表结构相关的代码。

（7）pkg/storage：对接 S3 对象存储，用于初始化部署 Harbor 集群需要的 Bucket。

（8）pkg/instance：封装了操作 helmv3 的基本方法，以及基于 Harbor-Helm 部署 Harbor 集群的控制逻辑。

（9）Dockerfile：用于制作 Harbor-Operator 的镜像。

（10）Makefile：用于运行测试、编译代码及构建镜像等。

4.2.3 CRD

在开发 Operator 之前，首先需要定义 CRD 的结构体，Kubebuilder 会根据我们创建 API 时提供的 Kind 类型自动生成 CRD 定义文件，该文件位于 api/v1/harborservice_types.go 文件中，HarborService 结构体定义见代码清单 4-5。

代码清单 4-5

```
type HarborService struct {
    metav1.TypeMeta    `json:",inline"` // apiverison 和 Kind
    metav1.ObjectMeta `json:"metadata,omitempty"` // Name 和 Namespace

    Spec   HarborServiceSpec   `json:"spec,omitempty"` // 描述对象的期望状态
    Status HarborServiceStatus `json:"status,omitempty"` // HarborService 对
```

象状态定义
}
```

开发者需要做的是定义资源具体的 Spec 结构和 Status 结构，HarborServiceSpec 定义主要包含实例名称、命名空间、Harbor 域名、开放端口、Redis 数据库和 S3 存储配置。结构体的内容见代码清单 4-6。

代码清单 4-6

```go
type HarborServiceSpec struct {
    InstanceInfo    InstanceInfo    `json:"instanceInfo,omitempty"`
}

type InstanceInfo struct {
    InstanceName    string    `json:"instanceName,omitempty"` // 实例域名，即 harbor 的域名
    NodePortIndex   int64     `json:"nodePortIndex,omitempty"`// Harbor 对外暴露服务的端口，使用 k8s nodeport 形式暴露
    RedisDbIndex    int64     `json:"redisDbIndex,omitempty"` // Redis 数据库
    S3Config        S3Config  `json:"s3Config,omitempty"`     // S3 对象存储的配置
}

type S3Config struct {
    Bucket          string    `json:"bucket,omitempty"`       // Bucket 名称
    Accesskey       string    `json:"accesskey,omitempty"`    // 对象存储的 Accesskey
    SecretKey       string    `json:"secretkey,omitempty"`    // 对象存储的 SecretKey
    RegionEndpoint  string    `json:"regionendpoint,omitempty"` // 对象存储的 RegionEndpoint
}
```

HarborServiceStatus 中包含了 CR 状态、Harbor 域名、部署结果和失败原因（见代码清单 4-7）。

代码清单 4-7

```go
type HarborServiceStatus struct {
    Condition    Condition    `json:"condition,omitempty"`    // CR 状态
    ExternalUrl  string       `json:"externalUrl,omitempty"`  // Harbor 域名
}

type Condition struct {
    Phase   string  `json:"phase,omitempty"`    // CR 阶段状态
    Reason  string  `json:"reason,omitempty"`   // 部署 Harbor 实例的结果
```
```

```
        Message string `json:"message,omitempty"` // Harbor 实例部署失败的原因
}
```

最后定义描述该 CRD 的完整 Yaml 文件，该文件位于 deploy/crds/harbor.example.comharborservicescrd.yaml 中，内容见代码清单 4-8。

代码清单 4-8

```
apiVersion: apiextensions.k8s.io/v1
kind: CustomResourceDefinition
metadata:
  name: harborservices.harbor.example.com
spec:
  group: harbor.example.com
  names:
    kind: HarborService
    listKind: HarborServiceList
    plural: harborservices
    singular: harborservice
  scope: Namespaced
  versions:
    - name: v1
      schema:
        openAPIV3Schema:
          description: HarborService is the Schema for the harborservices API
          properties:
            apiVersion:
              description: 'APIVersion defines the versioned schema of this representation
                of an object. Servers should convert recognized schemas to the latest
                internal value, and may reject unrecognized values.
              type: string
            kind:
              description: 'Kind is a string value representing the REST resource this
                object represents. Servers may infer this from the endpoint the client
                submits requests to. Cannot be updated. In CamelCase.
              type: string
            metadata:
              type: object
            spec:
              description: HarborServiceSpec defines the desired state of HarborService
```

```yaml
              type: object
              properties:
                instanceInfo:
                  type: object
                  properties:
                    instanceName:
                      type: string
                    instanceType:
                      type: string
                    nodePortIndex:
                      type: integer
                    redisDbIndex:
                      type: integer
                    s3Config:
                      type: object
                      properties:
                        bucket:
                          type: string
                        accesskey:
                          type: string
                        secretkey:
                          type: string
                        regionendpoint:
                          type: string
            status:
              description: HarborServiceStatus defines the observed state of HarborService
              type: object
              properties:
                condition:
                  type: object
                  properties:
                    phase:
                      type: string
                    reason:
                      type: string
                    message:
                      type: string
                externalUrl:
                  type: string
          type: object
      served: true
      storage: true
      subresources:
        status: {}
```

4.2.4 启动流程

1. Harbor-Operator 的配置

通过 Configmap 将 Harbor-Operator 配置文件挂载到容器默认路径 /tmp/harbor-operator/config.yaml 下，代码清单 4-9 是 config.yaml 的内容。

代码清单 4-9

```
db:
  type: "pgsql"
  pgsql: #pgsql 的配置
    host: "10.142.113.234"
    port: 5432
    username: "postgres"
    password: "123456"
    sslMode: "disable"
redis: #redis 的配置
  redisAddr: "10.142.113.234:6379"
  redisPassword: "123456"
minio: #minio 的配置
  region: "us-east-1"
  endpoint: "10.142.113.234:9000"
  proto: "http"
kubernetes: # 用户连接 APIServer 的配置
  kubeApiserver: "https://10.142.113.231:6443"
  kubeToken: "eyJhbGciOiJSUzI1NiIsImtpZCI6IkVCWDBWRkFSYjJkak04SlNzemN5bXIzVD
Fobmh0Tzc1cmZZUlJydDh5Y28ifQ.eyJpc3MiOiJrdWJlcm5ldGVzL3NlcnZpY2VhY2NvdW50Iiw
ia3ViZXJuZXRlcy5pby9zZXJ2aWNlYWNjb3VudC9uYW1lc3BhY2UiOiJrdWJlLXN5c3RlbSIsIm
t1YmVybmV0ZXMuaW8vc2VydmljZWFjY291bnQvc2VjcmV0Lm5hbWUiOiJhZG1pbi10b2tlbi01a
3JsYyIsImt1YmVybmV0ZXMuaW8vc2VydmljZWFjY291bnQvc2VydmljZS1hY2NvdW50Lm5hbWUi
OiJhZG1pbiIsImt1YmVybmV0ZXMuaW8vc2VydmljZWFjY291bnQvc2VydmljZS1hY2NvdW50Lnvp
ZCI6ImU5MDcwZTRkLTdkNDItNDYwNC1hMjZmLWYzYTM1NjA0MTc1MSIsInN1YiI6InN5c3RlbTp
zZXJ2aWNlYWNjb3VudDprdWJlLXN5c3RlbTphZG1pbiJ9.UlL5n3dGxPkKRFuH9Nm3wFn_u_7L-
col8h7KXcKUGwrPeJ9-s7VYWy7uiQ53Jw7JO8aMzG_a75ymqfAX20X3Q91rM8dWRW4Y1YMqtb-OeF
qPLAFoI197LQFGNyVAXcaYLjyMhHvdrRKlj4LQ_oCXPlaFwkmo6nuxGYpLYmWDxjca0HyBdx1Wn_6
8YGUI2W7zSsxDqTLDkqc7SULCOYOOaAcGfi3QN_LwyEQa807JzL6FzMODnniSiaKkw_NQsJNxfASi
2uPWiUxyQsWpy1N8e5l9vsHPVUfPGOLFLEURW_GNPKBAYouBj5LQuJrpOId6F0tjWwFlsz2dOrZF6
90Eyw"
harborHelmPath: // helm chart 所在路径
  harbor213: "/tmp/harbor-helm-1.5.3"
```

该配置指明了一些通用配置，主要分为 5 个部分。

（1）pgsql：pgsql 的地址、用户名、密码等。

（2）redis：redis 的地址和密码。

（3）minio：Minio 的区域、地址和协议。

（4）kubernetes：APIServer 的地址和访问 Token。

（5）helm：用于部署 Harbor 的 Chart 路径。

2.main 函数

Harbor-Operator 最终将以 Deployment 的形式部署在 k8s 集群中，启动流程见代码清单 4-10。main 函数在工程目录下，启动 Manager 的流程如下。

（1）初始化一个 Manager。

（2）将 Manager 的 Client 传给 Controller 的 HarborServiceReconciler，并且调用 SetupWithManager 方法传入 Manager 进行 Controller 的初始化。

（3）启动 Manager。

代码清单 4-10

```
func main() {
    ...
    // 初始化 Manager
        mgr, err := ctrl.NewManager(ctrl.GetConfigOrDie(), ctrl.Options{
            Scheme:             scheme,
            MetricsBindAddress: metricsAddr,
            Port:               9443,
            LeaderElection:     enableLeaderElection,
            LeaderElectionID:   "e2a5dbc2.example.com",
        })
        if err != nil {
            setupLog.Error(err, "unable to start manager")
            os.Exit(1)
        }
    // 初始化 k8s 客户端
        kubeClient, err := kubernetes.NewForConfig(mgr.GetConfig())
        if err != nil {
            setupLog.Error(fmt.Errorf("fail to get kubeclient"), "fail to get kubeclient")
            os.Exit(1)
        }
    // Controller 的初始化
        if err = (&controllers.HarborServiceReconciler{
```

```
            KubeClient: kubeClient,
            Client:     mgr.GetClient(),
            Log:        ctrl.Log.WithName("controllers").WithName("HarborService"),
            Scheme:     mgr.GetScheme(),
            EventsCli:  event.NewEvent(mgr.GetEventRecorderFor("harbor-operator")),
            ConfigInfo: ConfigInfo,
        }).SetupWithManager(mgr); err != nil {
            setupLog.Error(err, "unable to create controller", "controller", "HarborService")
            os.Exit(1)
        }

        setupLog.Info("starting manager")
        // 启动 Manager
        if err := mgr.Start(ctrl.SetupSignalHandler()); err != nil {
            setupLog.Error(err, "problem running manager")
            os.Exit(1)
        }
    }
```

4.2.5 Operator 实现

Controller 实现部分主要代码见代码清单 4-11。

代码清单 4-11

```
$ tree controllers/
controllers/
├── harborservice_controller.go
└── internal
    └── sync
        ├── database.go
        ├── instance.go
        ├── namespace.go
        ├── s3.go
        └── volume.go
```

controller/harborservice_controller.go 定义了 Operator 最核心的 Reconcile 函数来控制整个业务逻辑，Reconcile 函数会监听 CR 的变化，从而做出响应，主要处理逻辑如下。

（1）当收到 CR 的创建通知时，Reconcile 函数负责创建一个 Harbor 集群。

（2）当收到 CR 的更新通知时，Reconcile 函数负责根据当前 CR 的新数据更新 Harbor 集群。

（3）当收到 CR 的删除通知时，Reconcile 函数负责将原来的 Harbor 集群卸载。

为了完成 Harbor 集群的创建和删除，Controller 定义了 syncer.SyncInterface 接口，位于 pkg/syncer/interface.go 中，代码见代码清单 4-12。

代码清单 4-12

```
type SyncInterface interface {
    // GetObject returns the object for which sync applies
    GetName() interface{}
    // Sync create and update related resource
    Sync(context.Context) (SyncResult, error)
    // Delete delete related resource
    Delete(ctx context.Context) error
}
```

同时 Controller 实现了以下 5 个接口，接口初始化代码在 controller/internal/sync 中，接口实现在 pkg/syncer 中。

（1）pgsql：用于对 Harbor 集群依赖的数据库和表结构进行相关初始化。

（2）对象存储：用于对 Harbor 集群依赖的对象存储资源进行初始化。

（3）Namespace：用于初始化 k8s Namespace，为 Harbor 集群提供业务隔离。

（4）Volume：用于初始化 Pvc 存储卷，为 Harbor 集群存储相关日志。

（5）Harbor 集群：封装了 helmv3 的 SDK 工具包，并实现了管理 Harbor 集群的完整逻辑。

接口的具体实现可参考 pkg/syncer，见代码清单 4-13。

代码清单 4-13

```
$ tree pkg/syncer/
pkg/syncer/
├── database
│   └── syncer.go
├── instance
│   └── syncer.go
├── s3
│   └── syncer.go
├── kubernetes
```

```
    │       ├── event
    │       │       └── event.go
    │       ├── namespace.go
    │       └── volume.go
    ├── const.go
    ├── interface.go
    └── synce.go
```

4.2.6 Reconcile 函数

作为 Operator 的核心，Reconcile 函数控制整个业务逻辑，Reconcile 函数会获取 CR 的变化，从而做出响应。在 Harbor-Operator 项目中，Reconcile 函数的处理逻辑如下。

（1）如果监听到 CR 的事件，就通过 Harborservice Client 获取当前 CR。

（2）如果获取不到 CR，则说明该 CR 被删除，Controller 执行 Harbor 集群删除流程。

（3）如果获取到 CR，则说明 CR 被创建或更新，Controller 执行 Harbor 集群同步。

Reconcile 函数位于 controllers/harborservice_controller.go 中（见代码清单 4-14）。

代码清单 4-14

```go
// HarborService 的调谐函数
func (r *HarborServiceReconciler) Reconcile(contxt context.Context, req ctrl.Request) (ctrl.Result, error) {

    // your logic here
    ctx := context.Background()
    _ = r.Log.WithValues("harbroservice", req.NamespacedName)

    // 获取当前的 CR
    instance := &harborv1.HarborService{}
    err := r.Client.Get(ctx, req.NamespacedName, instance)
    if err != nil {
        if errors.IsNotFound(err) {
            // CR 被删除，执行 Harbor 清理逻辑
            syncers := r.InitSyncers(req)
            r.delete(syncers)

            delete(HarborServiceList, req.Name)
            return ctrl.Result{}, nil
```

```go
            }
            // Error reading the object - requeue the request.
            return ctrl.Result{}, err
        }

        if instance.Status.Condition.Phase == "" {
            // 执行 Harbor 集群的部署
            syncers := r.InitSyncers(req)
            if err = r.sync(syncers); err != nil {
                HarborServiceList[instance.Name] = instance
                return reconcile.Result{}, err
            }
        } else if HarborServiceList[instance.Name] != nil && instance.Spec.
InstanceInfo.InstanceVersion != HarborServiceList[instance.Name].Spec.
InstanceInfo.InstanceVersion {
            HarborServiceList[instance.Name] = instance
            // 执行 Harbor 集群的更新
            syncers := r.InitSyncers(req)
            if err = r.sync(syncers); err != nil {
                return reconcile.Result{}, err
            }
            return reconcile.Result{}, nil
        }

        // 将当前 list 已有的 CR 信息初始化到 HarborServiceList 中
        HarborServiceList[instance.Name] = instance
        return ctrl.Result{}, nil
    }
```

在 harborservice_controller.go 中，通过 Sync 和 Delete 两个方法，处理 CR 的事件通知，方法实现见代码清单 4-15。

代码清单 4-15

```go
// 执行同步
func (r *HarborServiceReconciler) sync(syncers []syncer.SyncInterface) error {
    for _, s := range syncers {
        if err := syncer.Sync(context.TODO(), s); err != nil {
            continue
            //return err
        }
    }
    return nil
```

```go
}

// 执行删除操作
func (r *HarborServiceReconciler) delete(syncer []syncer.SyncInterface) error {
    for _, s := range syncer {
        s.Delete(context.TODO())
    }
    return nil
}
```

其中，函数入参 syncers 是一个同步器接口的集合，它在接受 CR 事件通知时进行初始化，分别初始化数据库同步器、对象存储同步器、Namespace 同步器、存储卷同步器、Harbor 实例同步器，初始化流程见代码清单 4-16。

代码清单 4-16

```go
func (r *HarborServiceReconciler) InitSyncers(req ctrl.Request) []syncer.SyncInterface {
    syncers := []syncer.SyncInterface{
        // database 同步 Controller
        sync.NewDatabaseSyncer(HarborServiceList[req.Name], r.Client,
    r.ConfigInfo, r.EventsCli),

        // k8s 资源 (Namespace) 同步 Controller
        sync.Newk8sNsSyncer(HarborServiceList[req.Name], r.Client, r.KubeClient,
    r.EventsCli),

        // s3 同步 Controller
        sync.NewMinioSyncer(HarborServiceList[req.Name], r.Client,
    r.ConfigInfo, r.EventsCli),

        // k8s 存储卷同步器
        sync.Newk8sVolumeSyncer(HarborServiceList[req.Name], r.Client, r.KubeClient,
    r.EventsCli),

        // Harbor 实例同步 Controller, 用于删除 Harbor 实例
        sync.NewInstanceSyncer(HarborServiceList[req.Name], r.Client, r.Scheme,
    req.Namespace, r.ConfigInfo, r.EventsCli),
    }

    return syncers
}
```

调谐函数实现 Controller 的主逻辑，最核心的代码逻辑在各个资源同步器中，4.2.7 节将阐述同步器的功能。

4.2.7 同步器功能实现

1. 数据库同步器

pgsql 的数据库同步器是 DatabaseSyncer，Harbor 是依赖于 pgsql 数据库的，元数据等都存储在 pgsql 数据库中，创建 Harbor 实例之前需要先初始化数据库和基本的元数据表。

（1）sync 函数

sync 函数负责初始化 Harbor 实例需要的数据库和元数据表，代码在 /pkg/syncer/database/syncer.go 下（见代码清单 4-17）。

代码清单 4-17

```
func (is *DatabaseSyncer) Sync(c context.Context) (syncer.SyncResult, error) {
    switch is.HarborServiceInfo.Status.Condition.Phase {
    case "":// 如果 Phase 为空，就执行以下逻辑
        // 实现初始化 pg 数据库
        installInfo := fmt.Sprintf("sync database: %s", is.HarborServiceInfo.Spec.InstanceInfo.InstanceName)
        is.Log.Info(installInfo)
        is.EventCli.NewEventAdd(is.HarborServiceInfo, "syncDatabase", "Start sync pgsql database and table")

        // 参考 https://github.com/goharbor/harbor/tree/master/make/photon/db 中的 *.sql，完成 pgsql 数据的初始化
        err := dao.SyncDatabases(is.Log, is.HarborServiceInfo.Spec.InstanceInfo.InstanceName, is.OperatorConfig)
        if err != nil {
            // 数据库初始化失败，更新 CR 状态和 Event
            is.EventCli.NewEventAdd(is.HarborServiceInfo, "syncDatabaseFailed", "Sync pgsql database failed")
            is.HarborServiceInfo.Status.SetFailedStatus("Sync pgsql database failed")
            v1.FlushInstanceStatus(is.Client, is.HarborServiceInfo)
            return syncer.SyncResult{}, err // 调谐结果报错
        }

        err = dao.SyncTables(is.Log, is.HarborServiceInfo.Spec.InstanceInfo.InstanceName, is.OperatorConfig)
```

```
        if err != nil {
            // 表初始化失败，更新 CR 状态和 Event
            is.EventCli.NewEventAdd(is.HarborServiceInfo, "syncDatabaseFailed",
"Sync pgsql table failed")
            is.HarborServiceInfo.Status.SetFailedStatus("Sync pgsql table
failed")
            v1.FlushInstanceStatus(is.Client, is.HarborServiceInfo)
            return syncer.SyncResult{}, err
        }

        // 打印日志并且记录 Event
        is.Log.Info("Sync pgsql successed.")
        is.EventCli.NewEventAdd(is.HarborServiceInfo, "syncDatabaseSuccess",
"Sync pgsql database success")
    }
    return syncer.SyncResult{}, nil
}
```

数据库同步器的主要逻辑如下。

① 查看 CR 的 Phase 字段，若该字段为空，就认为它是新 CR，然后执行初始化 pgsql 的逻辑，初始化 pgsql 的逻辑摘自 Harbor 项目的源码（https://github.com/goharbor/harbor/tree/master/make/photon/db）。如果初始化 pgsql 失败，就返回调谐结果；如果初始化 pgsql 成功，那么继续执行下一个同步器。

② 如果 Phase 字段不为空，则本次 CR 事件通知表示更新操作，更新操作一般不需要对已有的数据库进行变更。

（2）delete 函数

delete 函数用于当删除 Harbor 实例时清理掉相关数据库和表，具体内容见代码清单 4-18。

代码清单 4-18

```
func (is *DatabaseSyncer) Delete(c context.Context) error {
    err := dao.DeleteDatabases(is.HarborServiceInfo.Spec.InstanceInfo.InstanceName,
is.OperatorConfig)
    if err != nil {
        klog.Error(fmt.Sprintf("fail to clear databases, witherr: %s", err.
Error()))
        return err
    }
```

```
            klog.Info("Remove pgsql database success")
            return nil
}
```

其中，dao.DeleteDatabases 函数包括以下清理操作（具体代码见 /pkg/dao/pgsql.go）。

① 断开 registry 库并删除。

② 断开 notaryserver 库并删除。

③ 断开 notarysigner 库并删除。

④ 断开 clair 库并删除。

2. 对象存储同步器

Harbor 除了依赖 pgsql 数据库存储元数据外，还需要存储镜像文件，Harbor-Operator 默认使用 Minio 对象存储，只需要用户在创建的 CR 对象中设置账号、密码及需要创建的 Bucket 名称，Operator 会自动在 Minio 中创建指定的 Bucket。

（1）sync 函数

代码清单 4-19 是 S3 同步器执行 sync 函数时的代码（/pkg/syncer/s3/syncer.go）。

代码清单 4-19

```
func (mi *MinioSyncer) Sync(c context.Context) (syncer.SyncResult, error) {
    switch mi.HarborService.Status.Condition.Phase {
    case "": // 判断 CR 的 Phase
        // 在 minio 中创建 bucket
        installInfo := fmt.Sprintf("create bucket: %s", mi.BucketName)
        mi.Log.Info(installInfo)
        mi.EventCli.NewEventAdd(mi.HarborService, "createS3Bucket", "Start create minio bucket for harborservice")

        bucketName := mi.BucketName
        err := mi.MinioClient.CreateBucket(bucketName)
        if err != nil {
            // 创建 bucket 失败，更新 CR 状态和 Event
            mi.EventCli.NewEventAdd(mi.HarborService, "createS3BucketFailed", "Create minio bucket for harborservice failed")
            mi.HarborService.Status.SetFailedStatus("Create minio bucket failed")
            v1.FlushInstanceStatus(mi.Client, mi.HarborService)
            return syncer.SyncResult{}, err // 返回调谐结果，等待重新入队
        }
```

```
            mi.Log.Info("Create minio bucket successd.")
            mi.EventCli.NewEventAdd(mi.HarborService, "createS3BucketSuccess",
"Sync pgsql database success")
    }

    return syncer.SyncResult{}, nil
}
```

对象存储同步器的主要逻辑如下。

① 根据 HarborService.Status.Condition.Phase 中的值判断 CR 状态，若 Phase 值为空，则说明该 CR 是新建的，并可以使用 MinioClient 创建 bucket，如果创建 bucket 失败，则返回失败的调谐结果；如果创建 bucket 成功，则继续执行下一个同步器。

② 根据 HarborService.Status.Condition.Phase 中的值判断 CR 状态，若 Phase 值不为空，则说明该 CR 不是新建的 CR，更新 CR 时无须处理对象存储资源。

（2）delete 函数

当删除 HarborService 对象时，S3 同步器的 delete 函数未被实现，建议保留对象存储资源，以免误删 HarborService 对象导致镜像文件丢失，再恢复比较麻烦。如果用户确定需要删除，可直接在 Minio 上删除 bucket 即可（见代码清单 4-20）。

代码清单 4-20

```
func (mi *MinioSyncer) Delete(c context.Context) error {
    // 保留对象存储资源，不删除，如果用户不需要，则可以在 Minio 中自行删除
    return nil
}
```

3. k8s Namespace 同步器

为了方便各个 Harbor 实例之间的资源隔离，当用户创建一个 HarborService 对象时，Harbor 实例的组件将部署在一个新创建的 Namespace 下，代码在 pkg/syncer/kubernetes/namespace.go 中。

（1）sync 函数

代码清单 4-21 是 Namespace 同步器执行 sync 函数时的代码（/pkg/syncer/kubernetes/namespace.go）。

代码清单 4-21

```go
func (is *NamespaceSyncer) Sync(c context.Context) (ctrl.Result, error) {
    switch is.HarborServiceInfo.Status.Condition.Phase {
    case "":
        // 为实例初始化单独的 Namespace 用于隔离每个 Harbor 集群
        installInfo := fmt.Sprintf("Start init kubernetes namespace for harborservice: %s", is.HarborServiceInfo.Spec.InstanceInfo.InstanceName)
        klog.Info(installInfo)
        is.EventCli.NewEventAdd(is.HarborServiceInfo, "initKubernetesResources", "Start init kubernetes namespace for harborservice")

        // 创建 Namespace
        err := is.createNamespace()
        if err != nil {
            is.EventCli.NewEventAdd(is.HarborServiceInfo, "initKubernetesResourcesFailed", "Init kubernetes namespace for harborservice failed")
            is.HarborServiceInfo.Status.SetFailedStatus("Init kubernetes namespace for harborservice failed")
            v1.FlushInstanceStatus(is.Client, is.HarborServiceInfo)
            return ctrl.Result{}, err
        }
    }
    return ctrl.Result{}, nil
}
```

Namespace 同步器的主要逻辑如下。

① 根据 HarborService.Status.Condition.Phase 中的值判断 CR 状态，若 Phase 值为空，说明该 CR 是新建的，通过 k8s Client-go 开发工具包为 Harbor 实例创建一个新的 Namespace，如果创建新的 Namespace 失败，则返回失败的调谐结果；如果创建成功，则继续执行下一个同步器。

② 若 Phase 值不为空，说明该 CR 不是新建的，更新 CR 时无须更新该 Namespace。

（2）delete 函数

当用户删除 HarborService 对象时，会直接删除指定的 Namespace，那么 Namespace 下的所有资源都会被清理。具体内容见代码清单 4-22。

代码清单 4-22

```go
func (is *NamespaceSyncer) Delete(c context.Context) error {

    err := is.KubeClient.CoreV1().Namespaces().Delete(context.TODO(),
```

```go
is.HarborServiceInfo.Spec.InstanceInfo.InstanceName, metav1.DeleteOptions{})
    if err != nil {
        klog.Error(fmt.Sprintf("fail to remove k8s namespace:%s, witherr:%s",
is.HarborServiceInfo.Spec.InstanceInfo.InstanceName, err.Error()))
    }

    klog.Info("Remove kubernetes namespace success")
    return nil
}
```

4. k8s 存储卷同步器

k8s 存储卷同步器是为 Harbor 中的 Jobservice 组件设计的，Jobservice 组件用于定时执行一些任务，提供 API 以供外部提交任务及查询执行结果，所以它产生的日志要被存储起来，我们使用 k8s 的 PV 和 PVC 为 Jobserevice 提供本地存储卷，用于存放日志。

（1）sync 函数

当新建 HarborService 对象时，需要为其创建存储卷，见代码清单 4-23（/pkg/syncer/kubernetes/volume.go）。

代码清单 4-23

```go
func (is *k8sSyncer) Sync(c context.Context) (syncer.SyncResult, error) {
    switch is.HarborServiceInfo.Status.Condition.Phase {
    case "": // 判断 CR 状态
        // PVC 没有对接第三方存储，直接采用 hostpath，只用于存储 Jobservice 组件的日志
        installInfo := fmt.Sprintf("Start init kubernetes namespace, pv, pvc for harborservice: %s", is.HarborServiceInfo.Spec.InstanceInfo.InstanceName)
        is.Log.Info(installInfo)
        is.EventCli.NewEventAdd(is.HarborServiceInfo, "initKubernetesResources", "Start init kubernetes namespace, pv, pvc for harborservice")

        // 创建 Harbor 实例专属的 Namespace
        err := is.createNamespace()
        if err != nil {
            is.EventCli.NewEventAdd(is.HarborServiceInfo, "initKubernetesResourcesFailed", "Init kubernetes namespace for harborservice failed")
            is.HarborServiceInfo.Status.SetFailedStatus("Init kubernetes namespace for harborservice failed")
            harborservice_v1.FlushInstanceStatus(is.Client, is.HarborServiceInfo)
            return syncer.SyncResult{}, err
```

```go
        }

        // 创建 PV, PV 名称为 pv-instanceName, 内存为 1GB
        err = is.createPV()
        if err != nil {
                is.EventCli.NewEventAdd(is.HarborServiceInfo, "initKubernet-esResourcesFailed", "Init kubernetes pv for harborservice failed")
                is.HarborServiceInfo.Status.SetFailedStatus("Init kubernetes pv for harborservice failed")
                harborservice_v1.FlushInstanceStatus(is.Client, is.HarborServiceInfo)
                return syncer.SyncResult{}, err// 返回失败的调谐结果，等待重新入队
        }

        // 创建 PVC
        err = is.createPVC()
        if err != nil {
                is.EventCli.NewEventAdd(is.HarborServiceInfo, "initKubernet-esResourcesFailed", "Init kubernetes pvc for harborservice failed")
                is.HarborServiceInfo.Status.SetFailedStatus("Init kubernetes pvc for harborservice failed")
                harborservice_v1.FlushInstanceStatus(is.Client, is.HarborServiceInfo)
                return syncer.SyncResult{}, err// 返回失败的调谐结果，等待重新入队
        }

        is.Log.Info("Init k8s namespace pv pvc successd.")
        is.EventCli.NewEventAdd(is.HarborServiceInfo, "initKubernetesReso-urcesFailedSuccess", "Init kubernetes resource for harborservice success")
    }

    return syncer.SyncResult{}, nil // 返回成功的调谐结果
}
```

存储卷同步器的主要逻辑如下。

① 根据 HarborService.Status.Condition.Phase 中的值判断 CR 的状态，若 Phase 值为空，说明该 CR 是新建的，通过 k8s Client-go 开发工具包为 Harbor 实例创建一个新的 PV 和 PVC。如果创建新的 PV 和 PVC 失败，则返回失败的调谐结果；如果创建成功，则继续执行下一个同步器。

② 为了减少依赖，Harbor-Operator 使用的 PV 直接使用了 Hostpath 模式将日志文件存储到部署节点上。

③ 若 Phase 值不为空，说明该 CR 不是新建的，在更新 CR 时无须更新该 PV 和 PVC 存储卷。

（2）delete 函数

当删除 HarborService 资源时，需要清理已创建的存储卷，代码清单 4-24 只删除了 PV，而 PVC 会在删除 Namespace 时被删除。

代码清单 4-24

```
func (is *VolumeSyncer) Delete(c context.Context) error {
    // 只需删除 PV，PVC 会被 Namespace 一起删除
    pvName := fmt.Sprintf("pv-%s", is.HarborServiceInfo.Spec.InstanceInfo.InstanceName)

    err := is.KubeClient.CoreV1().PersistentVolumes().Delete(context.TODO(), pvName, metav1.DeleteOptions{})
    if err != nil {
        klog.Error(fmt.Sprintf("fail to remove k8s pv:%s, witherr:%s", is.HarborServiceInfo.Spec.InstanceInfo.InstanceName, err.Error()), "fail to remove pv")
    }
    return nil
}
```

5. Harbor 实例同步器

Harbor 实例同步器实现了 Harbor 集群相关操作，包括部署、更新、删除等。在功能开发上，通过封装 Helm v3 的 Client 完成 Harbor 集群的实际操作。其中部署 Chart 包使用的是 Harbor 官方提供的 Harbor Chart（在 deploy/harvor-helm-1.5.3 下），Chart 部署所需要的 values.yaml 由 Operator 根据部署信息进行渲染，最终交给 Helm 实例化。

（1）sync 函数

Harbor 实例同步器同步 Harbor 实例的代码（/pkg/syncer/instance/syncer.go）见代码清单 4-25。

代码清单 4-25

```
// Sync 用于对 Harbor 实例进行操作，如创建、更新等
func (is *InstanceSyncer) Sync(c context.Context) (ctrl.Result, error) {
    installInfo := fmt.Sprintf("Deploying instance: %s", is.HarborServiceInfo.
```

```go
Spec.InstanceInfo.InstanceName)
        klog.Info(installInfo)

        switch is.HarborServiceInfo.Status.Condition.Phase {
        case "":
                // 实现创建逻辑
                is.EventCli.NewEventAdd(is.HarborServiceInfo, "deployIntance", "Start deploy harbor service")
                err := is.InstallHarborRelease()
                if err != nil {
                        is.EventCli.NewEventAdd(is.HarborServiceInfo, "deployIntanceFailed", "Deploy harbor service by helm failed")
                        is.HarborServiceInfo.Status.SetFailedStatus("Deploy harbor service by helm failed")
                        v1.FlushInstanceStatus(is.Client, is.HarborServiceInfo)
                        return ctrl.Result{}, err
                }

                klog.Info("Deploy harbor instance successd")
                is.EventCli.NewEventAdd(is.HarborServiceInfo, "deployIntanceSuccessd", "Deploy harbor service by successd.")

                // 部署完成，需要更新CR的状态
                is.HarborServiceInfo.Status.SetRunningStatus(fmt.Sprintf("http://%s.harbor.com:%d", is.HarborServiceInfo.Spec.InstanceInfo.InstanceName, is.HarborServiceInfo.Spec.InstanceInfo.NodePortIndex))
                v1.FlushInstanceStatus(is.Client, is.HarborServiceInfo)
                return ctrl.Result{}, nil

        default:
                // 实现更新逻辑
                is.EventCli.NewEventAdd(is.HarborServiceInfo, "upgradeInstance", "Start upgrade harbor service")
                err := is.UpgradeHarborRelease()
                if err != nil {
                        is.EventCli.NewEventAdd(is.HarborServiceInfo, "upgradeIntanceFailed", "Upgrade harbor service by helm failed")
                        is.HarborServiceInfo.Status.SetFailedStatus("Upgrade harbor service by helm failed")
                        v1.FlushInstanceStatus(is.Client, is.HarborServiceInfo)
                        return ctrl.Result{}, err
                }

                klog.Info("Upgrade harbor instance successd")
                is.EventCli.NewEventAdd(is.HarborServiceInfo, "upgradeIntance-
```

```
Successd", "Upgrade harbor service by successd.")
            //is.HarborServiceInfo.Status.SetRunningStatus(fmt.Sprintf("http://%s.
harbor.com:%d", is.HarborServiceInfo.Spec.InstanceInfo.InstanceName,
is.HarborServiceInfo.Spec.InstanceInfo.NodePortIndex))
            //v1.FlushInstanceStatus(is.Client, is.HarborServiceInfo)
            return ctrl.Result{}, nil
    }
}
```

上述代码的主要逻辑如下。

① 根据 HarborService.Status.Condition.Phase 中的值判断 CR 的状态，若 Phase 值为空，则为新创建的 CR，通过 InstallHarborRelease 方法完成 Harbor 集群的部署。如果部署失败，则返回失败的调谐结果；如果部署成功，更新 CR 的状态和访问地址。

② 若 Phase 参数不为空，表明本次事件为更新事件，通过 UpgradeHarborRelease 方法完成 Harbor 集群的更新。如果更新失败，则返回失败的调谐结果。

目前 Harbor-Operator 的更新操作仅支持 Harbor 版本 v2.1.3 到 v2.1.4 的升级。

以部署 Harbor 为例，主要流程如图 4-4 所示。

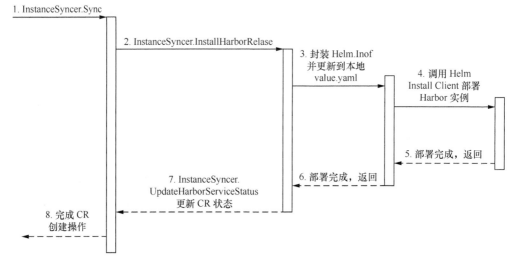

图 4-4　部署 Harbor 流程

其中，InstallHarborRelease 方法见代码清单 4-26（代码位于 /pkg/syncer/instance/syncer.go 下）。

第 4 章 Operator 项目实践

代码清单 4-26

```go
func (is *InstanceSyncer)InstallHarborRelease() error {
    // 生成 Harbor 部署需要的 Helmchart values 数据
    install := &helm.InstallInfo{
        InstanceName:    is.HarborServiceInfo.Spec.InstanceInfo.InstanceName,
        InstanceVersion: is.HarborServiceInfo.Spec.InstanceInfo.InstanceVersion,
        ...
    }
    values := controller.GenerageInstanceHelmChart(install)

    // 将 Values 更新到最新的 Helmchart 的 Values.Yaml 文件中
    var targetPath = is.OperatorConfig.HarborHelmPath.HarborV213
    err := controller.SaveValuesToFile(values, targetPath + "/values.yaml")
    ...


    // 调用 Helm 方法创建实例
    listOps := &helm.ReleaseListOptions{
        Namespace: is.HarborServiceInfo.Spec.InstanceInfo.InstanceName,
    }
    installOps := &helm.ReleaseOptions{}
    settings := cli.New()
    // Helm 需要与 APIServer 交互，这里封装了访问 APIServer 的 Token 数据
    kubeToken := &helm.KubeToken{
        ApiServer: is.OperatorConfig.Kubernetes.Apiserver,
        Token:     is.OperatorConfig.Kubernetes.Token,
    }

    err = controller.InstallRelease(kubeToken, listOps, installOps,
settings, is.HarborServiceInfo.Spec.InstanceInfo.InstanceName, targetPath)
    if err != nil {
        is.Log.Error(fmt.Errorf("fail to install release:%s, witherr:%s",
is.HarborServiceInfo.Spec.InstanceInfo.InstanceName, err.Error()), "fail to
install release")
        return err
    }

    return nil
}
```

上述代码的主要逻辑如下。

① 封装 Helm 中 Values.Yaml 需要的数据，封装到自定义的 Helm.InstallInfo 中，并将 Helm.InstallInfo 转化为 Helm.Values 格式。

② 将 Values 内容写入本地的 Values.Yaml 文件中，位于预先准备好的 Harbor-Helm Chart 包中，继续封装 Helm.KubeToken（与 APIServer 交互需要）结构体，最后调用 Controller.InstallRelease 完成部署。

③ Controller.InstallRelease 是我们封装部署 Helm Release 的通用方法，该方法通过调用 Helm 库中的 InstallRelease 函数，在 k8s 集群中完成 Harbor 的最终部署。

④ 在 Pkg/Instance/Helm 中，我们封装了常用的 Helm v3 的方法，包括 Install、Upgrade、Uninstall、Iist 等，读者可基于该工具包实现更多 Helm 应用的部署。

（2）delete 函数

由于在 Harbor 实例同步器之前已经有了 Namespace 同步器，因此，在删除 Harbor-Service 对象时，先执行 Namespace 同步器，删除命名空间及其中的资源。

4.3 项目实践

本节通过实践的方式，对前面所述的 Harbor-Operator 项目进行相关编译、打包、部署和测试。

4.3.1 项目打包

Harbor-Operator 在 Makefile 中提供了自动编译和镜像制作的方法，方便进行代码编译以及容器镜像的制作，命令见代码清单 4-27。

代码清单 4-27

```
$ cd harbor-operator
# 本地运行
$ make run

# 编译代码
$ make build

# 构建镜像，默认构建的镜像名称为 Harbor-Operator:latest
$ make image
```

读者可以将构建的镜像 Harbor-Operator:Latest 推送到私有仓库中，用于在 Kubernetes 中部署 Harbor-Operator。

4.3.2 项目部署

1. 依赖环境部署

本节的侧重点在于通过实际案例介绍 Operator 的开发，因此高可用 Harbor 部署所依赖的外部存储资源不在本书详细探讨的范围内。

本书仅提供了部署测试环境 redis、pgsql、对象存储的方法，在生产环境中，读者需要预先准备高可用 redis 集群、pgsql 集群、对象存储等资源。

部署资源文件位于代码库 deploy/dependency 中。

（1）部署 Redis

使用 Docker 部署简单 Redis 单实例（见代码清单 4-28）。

代码清单 4-28

```
$ docker run -itd --name harbor-redis -p 6379:6379 -v ./deploy/dependency/redis/redis.conf:/etc/redis.conf goharbor/redis-photon:v1.10.6
```

这里挂载了本地的配置文件 redis.conf 到容器中，在该配置文件中，我们改了默认的 Database 1000，因为默认的 Redis 只提供了 16 个库，我们希望多个 Harbor 复用一个 Redis 集群，因此，Redis 需要支持更多的库。

（2）部署 pgsql

使用 Docker-Compose 部署 pgsql，镜像使用 Harbor 中的 Harbor-Db（见代码清单 4-29）。

代码清单 4-29

```
version: '3.5'

services:
  postgres:
    container_name: harbor-pgsql
    image: goharbor/harbor-db:v1.10.6
    environment:
      POSTGRES_PASSWORD: 123456
```

```
    volumes:
      - postgres:/var/lib/postgresql/data/
    ports:
      - "5432:5432"
    networks:
      - postgres
    restart: unless-stopped

networks:
  postgres:
    driver: bridge

volumes:
  postgres:
```

启动见代码清单 4-30。

代码清单 4-30

```
$ docker-compose up -d
登录 pgsql，初始化用户 server 和 signer
$ docker exec -it harbor-pgql bash
postgres [ / ]$ psql -U postgres
psql (9.6.19)
Type "help" for help.

postgres=# CREATE USER signer;
postgres=# alter user signer with encrypted password 'password';
postgres=# CREATE USER server;
postgres=# alter user server with encrypted password 'password';
postgres=#
postgres=# select * from pg_user;
 usename   | usesysid | usecreatedb | usesuper | userepl | usebypassrls |
passwd   | valuntil | useconfig
----------+----------+-------------+----------+---------+--------------+-----
---------+----------+-----------
 postgres |       10 | t           | t        | t       | t            |
 ********  |          |
 signer   |    16387 | f           | f        | f       | f            |
 ********  |          |
 server   |    16385 | f           | f        | f       | f            |
 ********  |          |
(3 rows)
```

（3）部署 Minio

部署 Minio 见代码清单 4-31。

代码清单 4-31

```
$ docker run  -d -p 9000:9000 --name minio -e "MINIO_ACCESS_KEY=admin" -e "MINIO_SECRET_KEY=123456" -v /tmp/minio/data:/data -v /tmp/minio/config:/root/.minio minio/minio server /data
```

2. Operator 部署

（1）CRD 创建

根据上面文定义的 HarborService 的 CRD，Kubebuilder 会自动生成 CRD 定义文件，CRD 定义文件统一存放于 deploy/crds/harbor.example.comharborservicescrd.yaml 下。由于 Yaml 中开启了 openAPIV3Schema 校验，因此，需要补全 crd.yaml 文件中的字段定义，完整的 crd.yaml 文件可查看项目的 deploy/crds/harbor.example.comharborservicescrd.yaml。

创建并查看 CRD 见代码清单 4-32。

代码清单 4-32

```
$ kubectl create -f deploy/crds/harbor.example.com_harborservices_crd.yaml
$ kubectl get crd
NAME                                    CREATED AT
harborservices.harbor.example.com       2021-03-03T09:25:29Z
```

（2）Harbor-Operator 部署

Harbor-Operator 的部署文件位于项目的 deploy/operator 文件夹中（见代码清单 4-33）。

代码清单 4-33

```
# 部署 Operator
$ kubectl create -f deploy/configmap.yaml
$ kubectl create -f deploy/clusterrole_binding.yaml
$ kubectl create -f deploy/operator.yaml

# 查看 Operator, 运行 pod
$ kubectl get pod | grep operator
```

```
harbor-operator-5cd887c779-pcldf         1/1     Running    0        20m
```

4.3.3 测试验证

本节通过定义一个 HarborService 的 CR，验证 Harbor-Operator 部署、更新、删除 Harbor 集群的能力。

1. 定义 CR

首先按照 CRD 的定义创建一个 CR 文件 deploy/crds/testharbor.yaml，内容见代码清单 4-34，定义了实例的名称、版本、服务暴露的端口号，以及对象存储的需求信息。

代码清单 4-34

```
$ cat testharbor.yaml

apiVersion: harbor.example.com/v1
kind: HarborService
metadata:
  name: testharbor
spec:
  instanceInfo:
    instanceName: "testharbor"
    instanceVersion: "v2.1.3"
    nodePortIndex: 32190
    redisDbIndex: 30
    s3Config:
      bucket: "test1"
      accesskey: "admin"
      secretkey: "123456"
```

2. 创建 CR

创建 CR 见代码清单 4-35。

代码清单 4-35

```
$ kubectl create -f testharbor.yaml
harborservice.harbor.example.com/testharbor created
```

3. HarborService 部署情况

HarborService 部署情况见代码清单 4-36。

代码清单 4-36

```
$ kubectl get harborservice
NAME           AGE
testharbor     105s

$ kubectl describe harborservice testharbor
Name:           testharbor
Namespace:      default
Labels:         <none>
Annotations:    <none>
API Version:    harbor.example.com/v1
Kind:           HarborService
......
Spec:
  Instance Info:
    Instance Name:        testharbor
    Instance Versionype:     v2.1.3
    Node Port Index:      32190
    Redis Db Index:       30
    s3Config:
      Accesskey:     admin
      Bucket:        test1
      Secretkey:     123456
Status:
  Condition:
    Phase:       running
  External URL:   http://testharbor.harbor.com:32190
Events:
  Type     Reason                            Age      From              Message
  ----     ------                            ----     ----              -------
  Normal   syncDatabase                      2m13s    harbor-operator   Start
sync pgsql database and table
  Normal   syncDatabaseSuccess               2m12s    harbor-operator   Sync
pgsql database success
  Normal   createS3Bucket                    2m12s    harbor-operator   Start
create minio bucket for harborservice
  Normal   createS3BucketSuccess             2m12s    harbor-operator   Sync
pgsql database success
  Normal   initKubernetesResources           2m12s    harbor-operator   Start
```

```
    init kubernetes namespace, pv, pvc for harborservice
  Normal   initKubernetesResourcesFailedSuccess  2m12s   harbor-operator Init
kubernetes resource for harborservice success
  Normal   deployIntance                         2m12s   harbor-operator Start
deploy harbor service
  Normal   deployIntanceSuccessd                 2m8s    harbor-operator Deploy
harbor service by successd.


$ kubectl get pod -n testharbor
NAME                                                READY  STATUS   RESTARTS  AGE
testharbor-harbor-chartmuseum-69cd4987d9-c4k86      1/1    Running  0         2m52s
testharbor-harbor-clair-7bd9667c86-xxthk            2/2    Running  0         2m52s
testharbor-harbor-core-5566594f99-8g6fl             1/1    Running  0         2m52s
testharbor-harbor-jobservice-7dcf5c7bfc-7lwrw       1/1    Running  0         2m53s
testharbor-harbor-nginx-66858f8dd4-btnk5            1/1    Running  0         2m53s
testharbor-harbor-notary-server-6f64659767-r7rvv    1/1    Running  0         2m52s
testharbor-harbor-portal-7b9884bd6-rrkb9            1/1    Running  0         2m52s
testharbor-harbor-registry-6797ccdd54-z4j45         2/2    Running  0         2m53s
```

4. 验证 Harbor 功能

验证 Harbor 功能见代码清单 4-37。

代码清单 4-37

```
# 配置本地 docker, 添加 --insecure-registry=0.0.0.0/0

# 配置 docker 客户端节点 /etc/hosts 文件, 添加
10.142.113.231 testharbor.harbor.com

# 验证 docker 上传镜像
$ docker tag goharbor/nginx-photon:v2.1.3 testharbor.harbor.com:32190/library/nginx-photon:v2.1.3
$ docker push testharbor.harbor.com:32190/library/nginx-photon:v2.1.3
The push refers to repository [testharbor.harbor.com:32190/library/nginx-photon]
e7ecd452926a: Pushed
72021dc640d8: Pushed
v2.1.3: digest: sha256:cf7e4311220b44f6d03b093028a69a24613fac6b47bbc16c7f5085
7116a2f161 size: 6914
```

5. 登录页面查看 Harbor 镜像详情

访问 https://master 节点 ip:32190/，通过用户名 "admin" 和密码 "123456" 进行登录。Harbor 控制台页面如图 4-5 所示。

图 4-5　Harbor 控制台页面

6. 升级版本

修改之前定义的 testharbor.yaml 文件，将 InstanceVersion 修改为 v2.1.4 版本（见代码清单 4-38）。

代码清单 4-38

```
apiVersion: harbor.example.com/v1
kind: HarborService
metadata:
  name: testharbor
spec:
  instanceInfo:
    instanceName: "testharbor"
    instanceVersion: "v2.1.4"
    nodePortIndex: 32190
    redisDbIndex: 30
    s3Config:
      bucket: "test1"
```

```
        accesskey: "admin"
        secretkey: "123456"
```

重新 apply 资源文件（见代码清单 4-39）。

代码清单 4-39

```
# 更新 cr 资源文件
$ kubectl apply -f testharbor.yaml
```

7. 清理资源

删除 CR（见代码清单 4-40）。

代码清单 4-40

```
$ kubectl delete -f testcr.yaml
harborservice.harbor.example.com "testharbor" deleted
```

查看服务（见代码清单 4-41）。

代码清单 4-41

```
$ kubectl get harborservice
No resources found in default namespace.
$
$ kubectl get pod -n testharbor
No resources found in testharbor namespace.


$ docker login testharbor.harbor.com:32190
Authenticating with existing credentials...
Login did not succeed, error: Error response from daemon: Get http://testharbor.
harbor.com:32190/v2/: dial tcp 10.142.113.231:32190: connect: connection refused
```

4.4 本章小结

本章首先介绍了 Harbor-Operator 的项目背景，针对当前 Harbor 项目部署的一些痛点，梳理出 Harbor-Operator 项目的目标需求，结合 Kubernetes Operator 的设计思想，介绍了 Harbor-Operator 项目的具体实现内容，主要包括项目的架构设计、开发流程、CRD、Reconcile 调谐函数、各类资源同步器实现方式，以及项目的部署测试。

通过对 Harbor-Operator 项目的分析，希望读者能够加深对 Operator 的理解，同时通过本章所述步骤实现自己的 Operator，并应用到实际的项目中。

缩略语

英文全称	英文简称	中文解释
Continuous Integration/Continuous Delivery/Continuous Deployment	CI/CD/CD	持续集成/持续交付/持续部署
Cloud Native Computing Foundation	CNCF	云原生计算基金会
Custom Resource Definition	CRD	自定义资源定义
Infrastructure as a Service	IaaS	基础设施即服务
JSON Web Token	JWT	一种基于JSON、用于网络的令牌
Kubernetes	k8s	一种开源容器管理软件
Message Queue	MQ	消息队列
OpenID Connect	OIDC	基于OAuth2的安全认证机制
Platform as a Service	PaaS	平台即服务
Software Defined Network	SDN	软件定义网络
Software Defined Storage	SDS	软件定义存储
Virtual Machine	VM	虚拟机、云主机